W0400192

Das Samuraischwert

Das Samuraischwert

EIN HANDBUCH

von

John M. Yumoto

ORDONNANZ
VERLAG

©Copyright für die deutschsprachige Ausgabe
by Ordonnanz-Verlag B. Rolff GmbH, Freiburg, 1995

Das Werk einschließlich aller seiner Teile ist urheberrechtlich geschützt.
Jede Verwertung außerhalb der engen Grenzen des Urheberrechtsgesetzes ist ohne Zustimmung des Verlages unzulässig und strafbar.

Das gilt insbesondere für Vervielfältigungen, Übersetzungen, Mikroverfilmung und die Einspeicherung in elektronische Systeme.

Die erste Auflage der englischsprachigen Ausgabe erschien 1958 unter dem Titel „The Samurai Sword“
Copyright by Charles E. Tuttle Publishing Co., Inc.

ISBN 3-931425-00-2

Deutsche Übersetzung und fachliche Bearbeitung von Bernd Rolff

Hersteller: Rolf Kiesselbach, 79238 Ehrenkirchen

Inhalt

Verzeichnis der Fotos

Verzeichnis der Abbildungen

Vorwort

Dieses Handbuch hat die Aufgabe, die Besitzer und Sammler von japanischen Schwertern mit Informationen über ihre Waffen zu versorgen, ihnen die geschichtlichen Hintergründe und Zusammenhänge zu vermitteln und ihnen den kunsthandwerklichen Wert ihrer Schwerter näherzubringen.

Da echte japanische Schwerter von beträchtlichem Wert sind, ist es wichtig, daß ihr Besitzer genaue Kenntnisse über ihre Pflege und Instandhaltung erwirbt. Darum enthält dieses Buch die entsprechenden Anweisungen. Ich hoffe sehr, daß weitsichtige Menschen eines Tages eine Stiftung ins Leben rufen werden, deren einziger Zweck es sein wird, Samuraischwerter zu sammeln, um ihre einzigartige Schönheit der Nachwelt zu erhalten.

In Japan sind aus grauer Vorzeit drei Gegenstände erhalten geblieben, die heute noch als die drei Nationalheiligtümer von der Bevölkerung verehrt werden: Der heilige Spiegel von Yatano, die gekrümmten Edelsteine von Yasanaki und das Murakumo-Schwert – es sind die drei kostbarsten und am meisten verehrten Güter in Japan. Die Tatsache, daß auch ein Schwert zu diesen Heiligtümern gehört, ist von großer Bedeutung, denn sie beweist, daß das Schwert für die Japaner weitaus mehr als nur eine Waffe ist. Das japanische Schwert ist aufgrund seines Wertes und seiner relativen Seltenheit mittlerweile für viele Sammler ein ebenso begehrter Sammelgegenstand geworden wie Briefmarken oder alte Pistolen.

In alten Zeiten mußten die den Göttern dargebrachten Opfergaben drei Bedingungen erfüllen: Sie mußten rein sein, selten und wertvoll. Beim Schwert war man davon überzeugt, daß es diese drei Bedingungen erfüllte, und daher war es eine häufig dargebrachte Opfergabe. Der japanischen Überlieferung ist zu entnehmen, daß die angeblich erste Opferung eines Schwertes an die Götter im Jahre 3 vor Christi Geburt stattgefunden hat. Später wurde das Schwert dann das Symbol des Ehrencodex der Samurai, wodurch ihm noch höhere Verehrung zuteil wurde. Der Ehrenkodex der Samurai oder der „Weg des Kriegers" ist in einigen Bereichen durchaus mit dem Ehrenkodex des europäischen Adels zu vergleichen, er beruhte im wesentlichen auf der Verpflichtung zur meisterhaften Beherrschung der Waffenkunst und hier in erster Linie auf der Kunst im Umgang mit dem Schwert. Das Samuraischwert war ein hochgeachtetes Familienerbstück, das sorgfältig verwahrt und an die jeweils folgende Generation weitergegeben wurde. Selbst in neuester Zeit sind japanische Soldaten aller Dienstgrade mit den Schwertern ihrer Ahnen in den Kampf gezogen.

Die von den amerikanischen Soldaten nach dem Ende des 2. Weltkrieges in Japan „erworbenen" Schwerter wurden von ihren neuen Besitzern unter vielerlei Aspekten betrachtet. Für die meisten Soldaten waren es Andenken wie viele andere auch, nur wenige von ihnen erkannten, um was für wertvolle Gegenstände es sich in Wirklichkeit handelte.

Sofort nach der Einstellung der Feindseligkeiten wurden alle erreichbaren Schwerter in Japan von den alliierten Besatzungstruppen als Waffen, hauptsächlich aber wegen ihres Symbolgehaltes, konfisziert. Später wurden zumindest diejenigen Schwerter, die einen künstlerischen oder historischen Wert hatten, ihren urprünglichen Besitzern zurückgegeben, damit diese die Schwerter als Kunstwerke verwahren konnten.
In Japan und in der übrigen Welt wird das japanische Schwert heutzutage als eindrucksvolles Beispiel für hochspezialisierte Handwerkskunst angesehen, die hiermit ihre Vollendung gefunden hat.
Als die Atombombe auf Hiroshima gefallen war, hatte das japanische Schwert bereits viel von seinem Prestige als Waffe verloren, aber trotz allem bleibt es die am perfektesten aus Stahl gearbeitete Blankwaffe der Welt. Selbst die berühmten Klingen aus Damaskus und Toledo oder das sagenhafte Schwert Excalibur aus der englischen Literatur können in keiner Weise mit der handwerklichen Sorgfalt und der Bearbeitungsqualität des Stahles konkurrieren, die bei der Fertigung des Samuraischwertes aufgewendet wurden.

John M. Yumoto

Vorwort zur deutschen Übersetzung

Über japanische Schwerter hat es lange Zeit keine wirklich informative Literatur in deutscher Sprache gegeben. Um den vielen Interessenten und auch dem ernsthaften Sammler ein umfassendes, aber auch preiswertes Handbuch für gründliche Studien zur Verfügung zu stellen, hat der Ordonnanz-Verlag eine ganze Reihe von englischsprachigen Büchern geprüft und schließlich dieses Werk ausgewählt. Das vorliegende Buch von John M. Yumoto gilt weltweit auch heute noch als Standardwerk und ist mittlerweile seit seinem erstmaligen Erscheinen im Jahre 1958 in 29 Auflagen erschienen. Diese hohe Auflagenzahl spricht sehr deutlich für die Qualität der Arbeit von John M. Yumoto. Aus Kostengründen wurde auf farbige Abbildungen verzichtet. Sowohl Textteil des Buches als auch die vielen übersichtlichen Zeichnungen lassen aber keine Fragen offen. Ein sehr umfangreiches Fachwortverzeichnis erklärt erschöpfend alle im Zusammenhang mit dem Samuraischwert vorkommenden Ausdrücke. In übersichtlicher Form werden außerdem die Namen vieler hundert bedeutender Schwertschmiede mitsamt ihrer Heimatprovinz, ihrer Schaffensperiode und der Bewertung ihrer Arbeiten aufgeführt.
Außerdem werden im Text viele japanische Schriftzeichen erläutert, deren Deutung für die genaue Bestimmung von Originalschwertern überaus wichtig ist.

Danksagungen

DER AUTOR dankt allen, die ihm bei den Arbeiten an diesem Buch geholfern haben und die nachfolgend nicht namentlich erwähnt werden. Sein besonderer Dank gilt Mr. Randolph Bullock, stellvertretender Kurator für Waffen und Rüstungen am Metropolitan Museum of Art in New York; sowie Mr. Edwin G. Beal, Jr., Abteilungsleiter der japanischen Abteilung, Library of Congress, Washington D.C., für die Gestellung von Übersichten über englische und japanische Literatur zu diesem Thema.
Für ihre Mithilfe bei der Ausarbeitung der Texte und der Bearbeitung der Abbildungen möchte ich mich bei meinen Lehrern und Freunden bedanken – dazu gehören besonders Dr. Junji Homma, Herr Kanichi Sato und Herr Susumu Kashima von der Gesellschaft zur Bewahrung des Japanischen Schwertes im Nationalmuseum von Tokio in Japan; sowie Oberstleutnant George E. Slade von der U.S. Army.
Außerdem gilt mein Dank den Mitgliedern des „Northern California Sword Club“.

...und er wird richten unter den Heiden und strafen viele Völker. Da werden sie ihre Schwerter zu Pflugscharen und ihre Spieße zu Sicheln umschmieden. Denn es wird kein Volk wider das andere ein Schwert aufheben...

Jesaja, II,4

Das Samuraischwert

1

Japanische Geschichte und das Samuraischwert

DIE GESCHICHTE des Samuraischwertes ist sehr eng mit der Geschichte Japans verbunden. Aus diesem Grund enthält mein Buch auch einen kurzen Abriß der japanischen Geschichte.

DIE ABSCHNITTE DER GESCHICHTE JAPANS

Die Betrachtung der Geschichte Japans und des Samuraischwertes wird erleichtert, wenn wir ihren Ablauf bestimmten Abschnitten zuordnen. So läßt sich die japanische Geschichte in die folgenden Perioden unterteilen:

1. DIE VORZEIT (vor 660 v.Chr.).
Zwar streiten sich die Historiker über das genaue Datum, aber es war ungefähr zu dieser Zeit, als der mythischen Überlieferung nach Jimmu, der erste japanische Kaiser, sich von Kyoto aus über die Inlandsee nach Kashiwara in der Provinz Yamato (Abb. 1) aufmachte, um die dort ansässigen feindlichen Stämme zu unterwerfen und so das japanische Kaiserreich zu

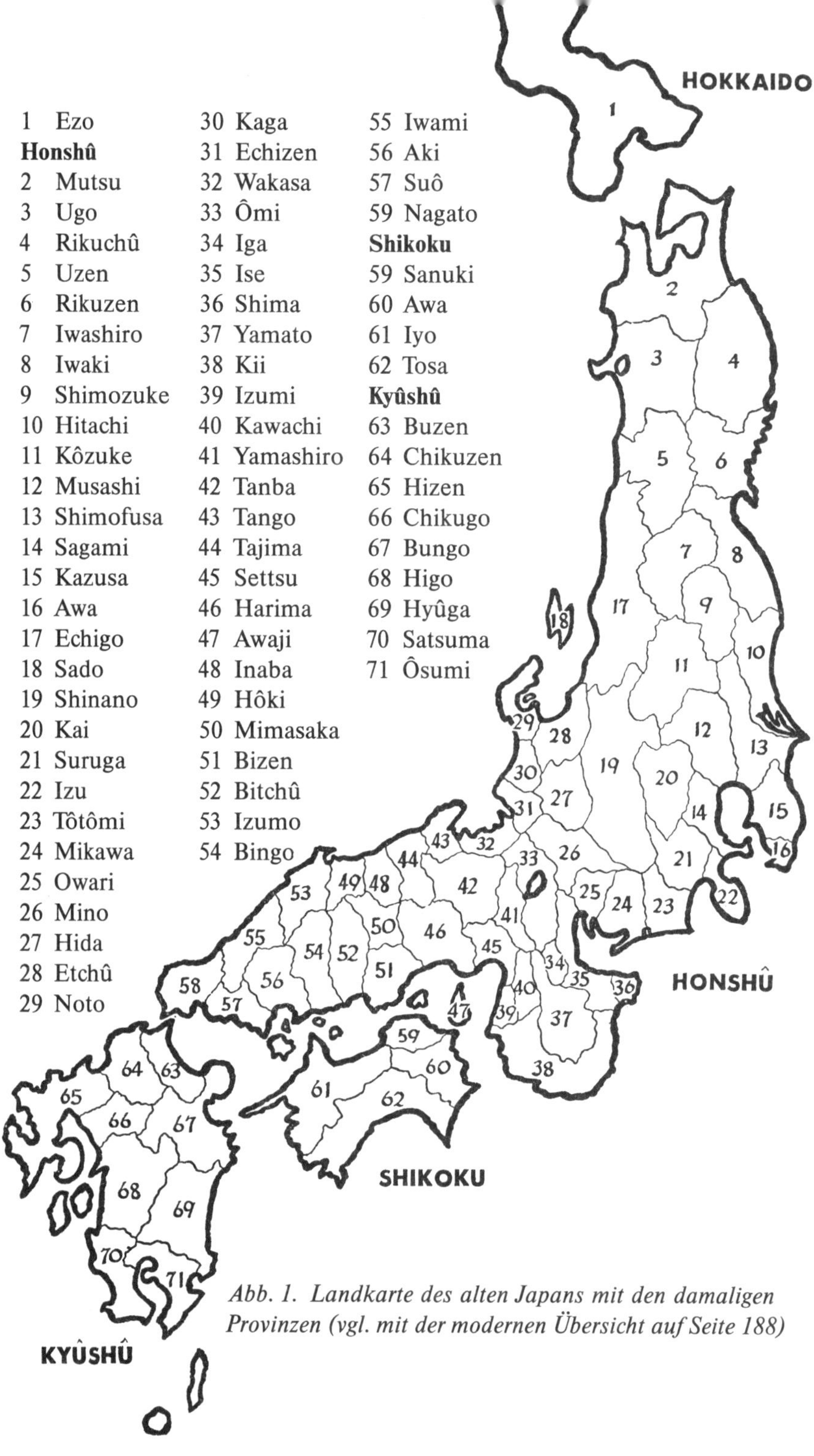

Abb. 1. Landkarte des alten Japans mit den damaligen Provinzen (vgl. mit der modernen Übersicht auf Seite 188)

gründen. Später, ungefähr im Jahre 284 n.Chr., kam kontinentalasiatische Kultur in Form der konfuzianischen Glaubenslehre aus China und Korea ins Land. Gleichzeitig kamen auch Seide und die Blankwaffenschmiedekunst nach Japan. Man nimmt an, daß viele chinesische und koreanische Schmiede nach Japan kamen und dort ihr Schwertschmiedehandwerk ausübten. Trotzdem sind aus dieser Zeit sowohl von den im Land hergestellten Waffen als auch von importierten Schwertern nur noch sehr wenige Exemplare erhalten. Da alle erhalten gebliebenen Schwerter ziemlich gleich aussehen, ist es heute sehr schwierig, den Ort ihrer Herstellung zu bestimmen. Einige dieser Waffen stammen aus Ausgrabungen alter Gräber. Sie waren noch nicht richtig gehärtet, und die meisten von ihnen hatten gerade Klingen.

2. Nara-Zeit (650-793).
Zu Anfang dieser Periode wurde in Nara in der Provinz Yamato eine ständige Hauptstadt eingerichtet. Vorher hatte es keine ständige Hauptstadt gegeben, das Zentrum des Reiches war immer dort, wo sich der jeweilig herrschende Kaiser gerade aufhielt. Der Buddhismus hatte starken Zulauf. Diese Periode ist auch als das „Goldene Zeitalter“ bekannt, und das gilt besonders für religiöse Kunst, Architektur, Malerei und Bildhauerei. Nach der Taika-Reform (645), die den Beginn der Nara-Periode einleitete, übernahm die kaiserliche Familie wieder die Regentschaft über das Land als absolute Herrscher, und es wurden neue Gesetze für das ganze Land erlassen. Die Schwertschmiedekunst steckte noch in den Kinderschuhen, Weiterentwicklungen waren zu dieser Zeit kaum zu verzeichnen. Allerdings bestand jetzt eine starke Nachfrage nach Blankwaffen, weil eine Nationalarmee ausgerüstet werden mußte.

3. Heian-Zeit (794-1191).
Die Hauptstadt zog jetzt von Nara nach Heian (dem heutigen Kyoto) in der Provinz Yamashira um. Gleichzeitig ging die Regierungsgewalt von der kaiserlichen Familie auf den Fujiwara-Klan über. Dieser Großfamilie war es gelungen, ihre Töchter in die kaiserliche Familie einzuheiraten und auf diese Weise die Kontrolle über die Regierung zu erlangen. Im Verlauf von acht Regierungsperioden innerhalb von hundert Jahren herrschten die Fujiwara als Regenten, in dieser Zeit war es im Land relativ friedlich. Allerdings bürdeten die Extravaganzen und der teure Regierungsstil der Fujiwara den bäuerlichen Untertanen immer mehr Abgaben auf, so daß

sie vermehrt ihre Grundstücke verließen und sich dem Heer der gesetzlosen Landstreicher anschlossen. Ungefähr im Jahre 900 nutzten zwei Samuraifamilien mit Namen Minamoto und Taira die Situation und drängten die Fujiwara aus der Regierung. Langsam ging auch die Abhängigkeit des Landes von China zurück. Ein Grund dafür war wahrscheinlich die Tatsache, daß sich die Japaner den Chinesen nicht mehr unterlegen fühlten. Statt dessen gingen die Japaner jetzt dazu über, sich auf der Basis der einstmals importierten Wertvorstellungen ihre eigene Kultur zu schaffen. Die Kunst des Schwertschmiedens nahm im Verlauf dieser Periode einen dramatischen Aufschwung, und die japanischen Schwertschmiede lieferten immer bessere Schwerter ab. In der zweiten Hälfte dieser Periode erreichte die Herstellung von Samuraischwertern ihren Höhepunkt.

4. Kamakura-Zeit (1192-1336). Die Errichtung der Feudalherrschaft bzw. des Shogunats in Kamakura in der Provinz Sagami (Soshu) durch den Klan der Minamato bezeichnete den Beginn der Kamakura-Periode. Es folgten insgesamt 675 Jahre Feudalherrschaft unter Militärkommando. Das Shogunat besaß in allen Bereichen des Lebens uneingeschränkte Macht.
In den Jahren 1274 und 1281 versuchten die Mongolen als Fortsetzung ihrer Invasion in Europa, auch nach Japan einzufallen. Sie wurden aber von den Samurai, denen zwei plötzlich aufkommende Taifune zur Hilfe kamen, zurückgeschlagen. Die Japaner glauben seitdem, daß diese Taifune von den Göttern zur Rettung des Landes geschickt wurden (Anmerkung des Übersetzers: Deswegen haben diese Taifune den Namen „kami-kaze" bekommen, das heißt „göttlicher Wind").
Diese nationalen Notstände erforderten neue und bessere Schwerttypen. In der Schmiedeschule in der Provinz Sagami brachten die Schmiede die dort entstandenen Schwerter zu einer Perfektion, die seitdem nicht mehr übertroffen wurde. Nach der Abwehr der Invasion zog allmählich der Luxus in das vorher sehr spartanische und einfache Leben der Samurai ein, und auch die Macht des Shogunats ging langsam zurück. Schließlich verjagte der Kaiser Godaigo mit der Hilfe des Ashikaga-Klans den Shogun aus dem Amt und übernahm selbst die Regierung.

5. Muromachi-Zeit (Ashikaga) (1337-1573).
Der Kaiser Godaigo wurde jedoch vom Ashikaga-Klan verraten. Daraufhin errichtete der Klan eine Marionettenregierung in Kyoto und führte

das Shogunat wieder ein. Godaigo konnte aber fliehen und entkam auf den Berg Yoshino in der Nähe von Nara. In den nächsten 55 Jahren (1337 bis 1392) gab es dann zwei kaiserliche Höfe in Japan. Diese Epoche zählt zu den dunkelsten Abschnitten in der japanischen Geschichte. Da die Ashikagas niemals über sonderlich viel Macht verfügten, waren sie nicht in der Lage, die Provinzen zu kontrollieren, so daß es ständig zu kriegerischen Auseinandersetzungen zwischen den örtlichen Feudalherren kam. Diese unruhige Zeit (die Sengoku-Periode) dauerte über hundert Jahre (von 1467 bis 1574). Die Nachfrage nach Schwertern stieg stark an, und in ganz Japan fertigten die Schmiede deswegen Waffen in großer Zahl. In Kyoto nahm das Kunsthandwerk unter der Schirmherrschaft der Ashikaga-Shogune einen starken Aufschwung. Die Ashikaga versuchten in jeder Beziehung, die Fujiwara zu übertreffen, was ihnen zumindest auf den Gebieten Prachtentfaltung und Luxusleben auch gelang.

6. Azuchi-Momoyama-Zeit (1574-1602).

Oda Nobunaga, ein Samurai niedriger Herkunft, kam auf Anweisung des Kaisers nach Kyoto und sollte dort Recht und Ordnung wieder herstellen. Er wurde de facto zum Herrscher Japans. Bevor er seinen Auftrag, die Wiedervereinigung Japans, ausführen konnte, wurde Nobunaga ermordet. Toyotomi Hideyoshi, der überaus begabte Truppenkommandeur Nobunagas, vollendete das Werk der Wiedervereinigung und sorgte nach langer unruhiger Zeit für Ordnung im Land. Hideyoshi kam aus bescheidenen Verhältnissen. Ihm wurde die Regentschaft über das Land übertragen. Die anderen Militärführer ließen sich als Feudalherren nieder. Der Frieden brachte Hideyoshi aber auch Probleme, denn er mußte nun einer großen und jetzt überflüssig gewordenen Streitmacht eine neue Aufgabe geben. Um diese Armee einsatzfähig zu halten, unternahm Hideyoshi zwei erfolglose Invasionen in Korea und China, und zwar 1592 und dann wieder im Jahre 1597. In dieser Zeit regierte Hideyoshi von Osaka aus. Alle Handwerkskünste standen in voller Blüte, das galt auch für die Herstellung von Schwertern und deren Zubehör.

7. Edo- oder Tokugawa-Zeit (1603-1867).

Nach dem Tode von Hideyoshi und der daraufhin folgenden Schlacht von Sekigahara (September 1600) ging die Macht von den Toyotomi an Tokugawa Ieyasu über. Der Tokugawa-Klan regierte Japan von seiner Hauptstadt Edo (dem heutigen Tokio) aus, die Regierungszeit dauerte mehr als 250 Jahre. Zu Beginn dieser Periode erließen die Tokugawa eine ganze Reihe von Gesetzen, durch die die Herrschaft des Shogunats fest verankert wurde und die für eine reibungslose Verwaltung des Landes sorgten. Außerdem wurde Japan dem Ausland gegenüber hermetisch abgeschottet. In dieser Zeit wurde die Bevölkerung durch ein einzigartiges, sehr strenges System in Klassen eingeteilt, sie bestand aus Lehnsherren, Samurai, Bauern, Handwerkern und Händlern. Die lange und verhältnismäßig friedliche Tokugawa-Periode ging Mitte des 19. Jahrhunderts ihrem Ende entgegen, als ausländische Mächte versuchten, Japan für den Handel zu öffnen. Zu dieser Zeit erhoben sich die Sotozama-Daimyos, deren Vorfahren nach der Schlacht von Sekigahara mit den Tokugawa Frieden geschlossen hatten, gegen das Shogunat.

8. Moderne Zeit (seit 1868).

Kaiser Meiji, der 122. Nachkömmling des Reichsgründers Jimmu, konnte mit Hilfe der Sotozama-Daimyos dem Tokugawa-Klan die Regierungsgewalt über das Land entreißen und zog im Jahre 1868 in die neue Hauptstadt Tokio um. Kurz darauf (1876) wurde das Tragen der Samuraischwerter durch kaiserlichen Erlaß verboten.

In der japanischen Legende wird erzählt, daß der Schwertschmied Amakuni in Yamato ungefähr im Jahre 700 nach Christi Geburt das erste Samuraischwert gefertigt hat. Es gibt für den Wahrheitsgehalt dieser Überlieferung zwar keine schlüssigen Beweise, aber die Geschichte erscheint logisch, denn die ersten noch erhaltenen Schwerter können bis zum Schwertschmied Yasutsuna aus Hoki aus der Zeit um 900 zurückverfolgt werden.

Amakuni stand einer Gruppe von Schwertschmieden vor, die damals mit der Fertigung von Schwertern für den Kaiser und seine Krieger beauftragt worden waren *(Abb. 2)*. Eines Tages standen Amakuni und sein Sohn Amakura auf der Treppe vor Ihrer Schmiede und betrachteten die aus einer Schlacht heimkehrenden Krieger des Kaisers. Als dann der Kaiser an ihnen vorbeikam, grüßte er die beiden Schmiede nicht, obwohl er das in der Vergangenheit immer getan hatte. Amakuni hatte diesen Gruß jedesmal als Anerkennung für seine geleistete Arbeit betrachtet.

Dann bemerkte er plötzlich, daß gut die Hälfte aller heimkehrenden Soldaten zerbrochene Schwerter mit sich führten.

Abb. 2. Schwertschmiede bei der Arbeit

Amakuni und sein Sohn sammelten die Überreste dieser Schwerter ein und untersuchten sie. Dabei fiel ihnen auf, daß die Schwerter hauptsächlich deswegen zerbrochen waren, weil sie nicht richtig geschmiedet worden waren und weil die Soldaten diese Klingen gegen harte Objekte eingesetzt hatten. Dann erinnerte er sich daran, daß der Kaiser ihn diesmal geschnitten hatte, und die Tränen schossen ihm in die Augen. Schließlich schwor er sich, daß er den Soldaten ein besseres Schwert, das nicht zerbricht, in die Hand geben würde.

Nachdem sie diesen Schwur abgelegt hatten, schlossen sich Amakuni und sein Sohn in die Schmiede ein und beteten sieben Tage und sieben Nächte zu ihren Shinto-Gottheiten. Dann wählte Amakuni das beste Eisenerz aus, das er finden konnte und bearbeitete es, bis es den höchstmöglichen Grad der Reinheit bekommen hatte. Ständig und unermüdlich arbeiteten die beiden an ihrer offensichtlich unmöglichen Aufgabe. Dreißig Tage später kamen zwei ausgemergelte und völlig erschöpfte Schwertschmiede freudestrahlend aus ihrer Schmiede und präsentierten eine einschneidige und leicht geschwungene Schwertklinge. Die anderen Schwertschmiede hielten die beiden zwar für verrückt, aber sie machten sich dann doch an die Arbeit und schliffen und polierten die neue Schwertklinge.

In den nun folgenden Monaten arbeiteten Amakuni und sein Sohn weiter und fertigten viele neue Klingen nach dem neuen, verbesserten Muster. Als dann der nächste Frühling kam, brach wieder ein Krieg aus. Wieder kehrten die Krieger aus der Schlacht zurück und wieder standen Amakuni und sein Sohn vor ihrer Schmiede und betrachteten die Rückkehrer. Dabei zählten sie die zurückgebrachten Schwerter: eins, zwei, drei – fünfundzwanzig, siebenundzwanzig – dreißig, einunddreißig. Alle Schwerter waren aus dem Kampf zurückgebracht worden und alle waren sie intakt und ohne Makel. Als der Kaiser diesmal an ihnen vorbeikam, lächelte er und sagte: „Ihr seid ein meisterlicher Schwertschmied. Keines der von Euch geschmiedeten Schwerter hat in dieser Schlacht versagt." Amakuni war daraufhin natürlich hocherfreut, er sah sich auf dem rechten Wege und der Erfüllung seines Lebens nahe.
(Diese Überlieferung stammt von den Schmieden aus der Provinz Yamato.)

Die Einteilung der Geschichte des Samuraischwertes in Abschnitte

Japanische Blankwaffen, die unter die Kategorie Samuraischwerter fallen, müssen die folgenden Merkmale aufweisen: (1) die Klinge muß aus Stahl geschmiedet sein; die Klinge muß einschneidig (2) sein (hier gibt es allerdings Ausnahmen), sie muß eine Krümmung (3) aufweisen und die Schneide muß gehärtet (4) sein. Die Geschichte dieser Schwerter wird üblicherweise in die folgenden vier Abschnitte unterteilt:

1. Die Schwertperiode des Altertums (Chokuto oder Ken) bis 900 n.Ch.

Diese Schwerter wurden hauptsächlich von Schmieden aus China oder Korea oder von frühen japanischen Schmieden gefertigt. Obwohl sie aus Stahl hergestellt waren, zeigte ihre Härtung deutliche Mängel. Die meisten Waffen hatten gerade Klingen (chokuto). Mittelpunkte der Schwerterzeugung waren Yamato, Mutsu und San-in.

Abb. 3. Ein Hofbeamter aus der mittleren Heian-Zeit (800-900) mit einem leicht gebogenen Schwert.

Obwohl diese Schwerter in Japan hergestellt wurden, waren sie nichts weiter als genaue Kopien der chinesischen Klingen.
Hochrangige Offiziere waren normalerweise mit teuren, in China hergestellten Schwertern bewaffnet *(Abb. 3)*. Aus diesen Imitationen des chinesischen Schwerttyps entwickelte sich dann allmählich das Samuraischwert.

2. Die alte Schwertperiode (Koto) von 900 bis 1530
Nach dem Verfall der Zivilverwaltung unter den Fujiwara in der 2. Hälfte der Heian-Periode entstand die neue Klasse der Samurai. Machtansprüche wurden jetzt grundsätzlich durch kriegerische Handlungen geregelt. Da der Krieg jetzt etwas alltägliches war, machten die Samurai das Schwert zu ihrer Hauptwaffe. Die militärischen Führer stützten sich auf ihre Kavallerie als schlachtentscheidende Truppe *(Abb. 4)*.

Abb. 4. Berittene Kämpfer während der alten Schwertperiode

Dabei wurden häufig Schwerter verwendet, die eine Klingenlänge von mehr als 120 cm hatten.
Die vorherrschenden Waffen waren Pfeil und Bogen, Stangenwaffen (naginata) und Schwerter. Das Schwert entwickelte sich zur allgegenwärtigen Waffe und wurde ständig getragen. Vor dieser Periode wurden hauptsächlich Schwerter mit gerader Klinge verwendet, die vorwiegend als Stichwaffen benutzt wurden. Sie wurden durch gekrümmte Schwerter mit einschneidiger Klinge ersetzt. Der Übergang vom alten Schwert mit gerader Klinge zum bekannten Samuraischwert dauerte allerdings recht lange. Heutzutage existieren nur noch sehr wenige Schwerter, die in dieser Übergangszeit entstanden sind.

Ungefähr um das Jahr 900 begann ein Schmied mit Namen Yasutsuna in Hoki mit der Herstellung ausgezeichneter Samuraischwerter. Seitdem hat sich am Stil dieser Waffen nicht mehr viel geändert. Die damaligen Schmiede erzeugten ihren Stahl selber aus Eisenerz oder eisenhaltigem Sand und fertigten mit ihren einfachen Werkzeugen nahezu perfekte Waffen. Die berühmtesten Schwertschmiede der japanischen Geschichte stammen aus der Zeit zwischen 900 und 1450.

Zu einem großen Teil wurde die Niederlassung der Schmiede von den folgenden Faktoren beeinflußt: Das Verwaltungszentrum mußte in der Nähe liegen, weil dort erfahrungsgemäß die Nachfrage nach Schwertern am größten war, die für den Schmiedevorgang notwendigen Grundstoffe Eisenerz und Holzkohle mußten vorhanden sein, außerdem mußte reichlich Wasser verfügbar sein, und das Klima sollte möglichst mild sein. Die Schmiedeschulen der fünf Provinzen Bizen, Yamashiro, Yamato, Soshu und Mino fertigten ungefähr achtzig Prozent aller in dieser Periode entstandenen Schwerter.

Diese Schmieden sind unter dem Sammelbegriff „Fünf Schulen“ bekannt. Jede Schule hatte einige Ableger, und in jeder Provinz entwickelten sich eigene typische Verfahren und Traditionen bei der Schwertherstellung.

a. Die Schule von Bizen

Die Provinz Bizen bestand aus der südlichen Hälfte der heutigen Präfektur Okayama. Da Bizen recht dicht am Festland lag, nimmt man an, daß die Schwertschmiedekunst schon sehr früh in diese Gegend gelangt ist. Die Verhältnisse dort waren für das Schwertschmieden ideal, und so war die Stadt Osafune im östlichen Teil dieser Provinz über tausend Jahre lang ein Zentrum der Blankwaffenherstellung. Man geht heute davon aus, daß Tomonari, der um 1100 herum lebte, der Begründer der Schule von Bizen war. Ihm folgten Kanehira, Sukehira, Nobufusa, Takahira und Masatsune. Diese Schmieden sind als die Frühe Bizen-Schule (Ko-Bizen) bekannt.

Die Schule hatte mehrere Zweigschulen. Sie sind in der folgenden Aufstellung mitsamt ihrer jeweils führenden Schmiede aufgeführt:

1) Zweigschule von Fukuoka (Kamakura-Periode): Norimune, Sukemune, Muneyoshi, Yoshifusa, Norifusa, Naganori.
2) Zweigschule von Yoshioka (Kamakura-Periode): Sukeyoshi, Sukemitsu.

3) Zweigschule von Osafune (Kamakura-Periode): Mitsutada, Kagehide, Nagamitsu, Kagemitsu, Sanenaga, Chikakage, Kanemitsu, Norimitsu, Motomitsu, Nagayoshi, Nagashige, Motoshige, Shigezane; (Ashikaga-Periode): Moromitsu, Yasumitsu, Morimitsu, Sukemitsu, Sukesada, Katsumitsu, Tadamitsu, Kiyomitsu.
4) Zweigschule von Yoshii (Kamakura-Periode): Kagenori; (Ashikaga-Periode): Naganori, Kiyonori.
5) Zweigschule von Omiya (Kamakura-Periode): Morokage, Morikage; (Ashikaga-Periode): Morikage, Morokage.

B. Die Schule von Yamashiro

Kyoto, das Zentrum der Provinz Yamashiro, war von 794 bis 1868 Sitz des Kaisers. Hier war der Bedarf an Schwertern riesengroß. Munechika (ca. 987) war der Begründer dieser Schule.
Die Zweigschulen dieser Schule und ihre führenden Schmiede waren:
1) Zweigschule von Sanjo (Heian-Periode): Munechika, Yoshiie, Kanenaga, Kuninaga; (Ashikaga-Periode): Yoshinori
2) Zweigschule von Awataguchi (Kamakura-Periode): Hisakuni, Kuniyasu, Kunitsuna, Norikuni, Kuniyoshi, Yoshimitsu
3) Zweigschule von Rai (Kamakura-Periode): Kuniyuki, Kunitoshi, Ryokai, Mitsukane, Kunimitsu, Kunitsugu
4) Zweigschule von Ayakoji (Kamakura-Periode): Sadatoshi, Sadayoshi, Sadatsugu
5) Zweigschule von Nobukuni (Ashikaga-Periode): Nobukuni, Nobusada
6) Zweigschule von Hasebe (Ashikaga-Periode): Kunishige, Kuninobu
7) Zweigschule von Heian-jo (Ashikaga-Periode): Nagayoshi

C. Die Schule von Yamato

Als Nara, in der Provinz Yamato, noch Hauptstadt war, lebten hier viele gute Schwertschmiede. Die meisten von ihnen zogen aber 794 nach Kyoto um, als diese Stadt Hauptstadt des Landes wurde. Um das Jahr 1200 herum wurde Nara das Zentrum einiger kriegerischer Sekten, so daß sich wieder vermehrt Schwertschmiede hier niederließen, um den Waffenbedarf der Kriegermönche zu decken. Die Namen der Tempel wurden meist auch für die hier ansässigen Schwertschmiedeschulen verwendet:

1) Zweigschule von Toma (Kamakura-Periode): Kuniyuki, Aritoshi
2) Zweigschule von Tegai (Kamakura-Periode): Kanenaga; (Ashikaga-Periode): Kanenage, Kaneuji, Kanezane, Kaneyoshi, Kanetoshi
3) Zweigschule von Hosho (Kamakura-Periode): Sadatsugu, Sadamune, Sadayoshi
4) Zweigschule von Shirikage (Kamakura-Periode): Norinaga; (Ashikaga-Periode): Norinaga
5) Zweigschule von Senju-in (Kamakura-Periode): Yasushige, Yoshihiro

D. Die Schule von Soshu (Sagami)

Das Zentrum der Schwertherstellung in dieser Provinz war die Stadt Kamakura. Hier hatte Minamoto Yoritomo, der erste Shogun, seine Regierung im Jahre 1192 gebildet. Obwohl die Verhältnisse in Kamakura für das Schmiedehandwerk nicht besonders günstig waren, siedelten sich viele Schmiede aus dem ganzen Land hier an, denn die Stadt hatte eine ausgesprochen militärische Atmosphäre.

Die Zweigschulen und ihre führenden Schmiede waren:

1) Zweigschule von Yamashiro (bestand aus Schmieden, die aus Yamashiro kamen und deren Höhepunkt des Schaffens in der Kamakura-Periode lag):
   Kunitsuna, Kunimitsu, Kunihiro, Kuniyasu.
2) Zweigschule von Bizen (bestand aus Schmieden, die aus Bizen kamen; Kamakura-Periode): Kunimune, Sukezane.
3) Zweigschule von Soshu (Kamakura-Periode): Yukimitsu, Masamune; (Ashikaga-Periode): Sadamune, Hiromitsu, Akihiro, Masahiro, Hiromasa, Tsunahiro, Yasukuni.

E. Die Schule von Mino.

Das Zentrum der Schule von Mino befand sich in der Stadt Seki in der Nähe von Gofu, darum ist diese Schule auch als die Schule von Gofu bekannt. Man nimmt heute an, daß sie durch Schüler von Masamune aus Soshu gegründet worden ist. Die frühen Arbeiten aus dieser Schule sind sehr gut, man kann sie nur schwer von denjenigen aus Soshu unterscheiden. Der Hauptteil der Klingen entstand aber später und gegen Ende der Periode, und ihre Qualität war nicht besonders gut. Die Zweigschulen und die führenden Schmiede dieser Schule waren:

1) Zweigschule von Kaneuji (Kamakura-Periode): Kaneuji; (Ashikaga-Periode): Kaneuji, Kanetomo, Kanetsugu, Kanemitsu, Kanetsune, Kanefusa, Kaneyoshi, Kanesada, Kanemoto.
2) Zweigschule von Kaneshige (Kinju) aus der Ashikaga-Periode: Kaneshige (Kinju), Kaneyuki.

In der Alten Schwertperiode war die Kunst der Schwertherstellung auch in anderen japanischen Provinzen verbreitet. Herausragende Schmiede während der Heian-Periode waren zum Beispiel Yasutsuna; Sanemori; Aritsuna; Nichijo in Hoki; Moritsuga in Bitchu; Joshu (Sadahide) in Bungo und Yakiyasu in Satsuma. Die folgende Übersicht zeigt die Namen einiger führender Schmiede aus der Kamakura-Periode:

Provinz Bitchû	Sadatsugu, Tsunetsugu, Kanetsugu, Masatsune, Suketsugu, Shigetsugu, Yoshitsugu, Tsuguyoshi, Hidetsugu, Norifusa, Sanetoshi
Provinz Bingo	Masaie
Provinz Suô	Kiyotsuna
Provinz Chikuzen	Sairen, Jitsua, Sa
Provinz Chikugo	Mitsuyo
Provinz Bungo	Yukihira
Provinz Higo	Kunimura, Kunitomo, Kuniyoshi, Kunitoki, Kunisuke
Provinz Mutsu	Hôju
Provinz Etchû	Yoshihiro, Norishige

Die nachfolgend aufgeführten Schmiede arbeiteten in der frühen Ashikaga-Periode (Yoshino):

Provinz Settsu	Kuninaga
Provinz Ômi	Sadamune, Toshinaga
Provinz Echizen	Nagayoshi
Provinz Etchû	Tametsugu
Provinz Kaga	Sanekage
Provinz Iwami	Naotsuna, Sadatsuna
Provinz Bitchû	Sadatsugu, Tsugiyoshi, Tsuginao

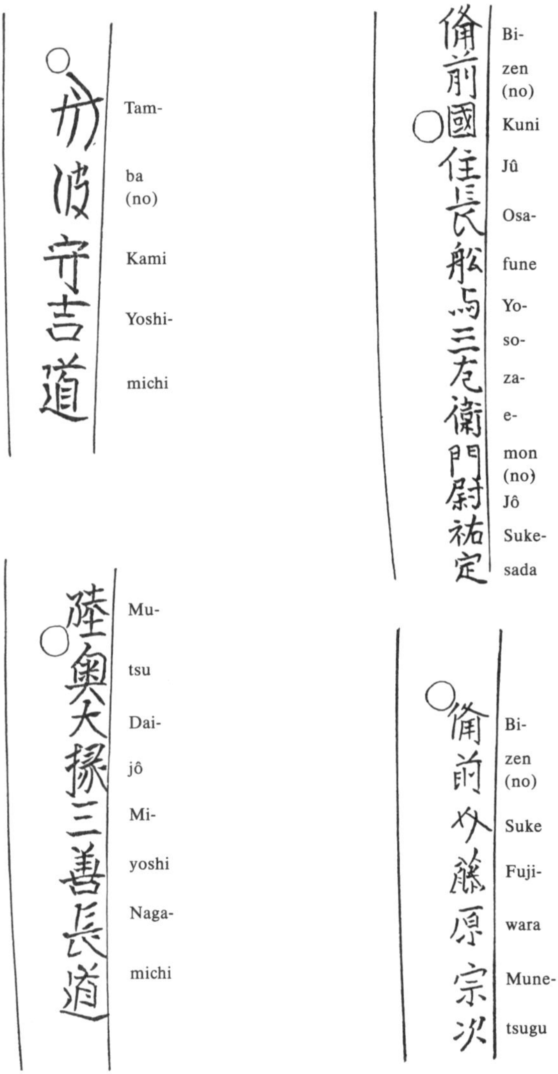

Abb. 5. Inschriften auf Schwertangeln
(Die Schriftzeichen Miyoshi können auch als Sanzen gelesen werden.)

Provinz Bingo	Masahiro, Masanobu, Masakiyo, Ichijô, Kaneyasu
Provinz Suô	Kiyotsuna
Provinz Nagato	Yasuyoshi, Moriyoshi
Provinz Chikuzen	Yasuyoshi, Yoshisada, Kunihiro
Provinz Bungo	Tomoyuki, Toshiyuki
Provinz Hizen	Kunitoki, Kuniyoshi

Die nachfolgend aufgeführten Schmiede arbeiteten in der späten Ashikaga-Periode:

Provinz Ise	Muramasa, Masashige
Provinz Suruga	Gisuke, Sukemune, Hirosuke
Provinz Mutsu	Hôju, Morimune
Provinz Uzen	Gasan
Provinz Wakasa	Munenaga, Muneyoshi, Fuyuhiro
Provinz Etchû	Kunifusa, Kunimune, Kunitsugu
Provinz Echigo	Nagayoshi, Masanobu
Provinz Kaga	Tomoshige, Yukimitsu, Nobunaga, Kiyomitsu, Kagemitsu, Ietsugu
Provinz Inaba	Kagenaga, Yukikage
Provinz Iwami	Tadatsuna
Provinz Bitchû	Kunishige, Nagatsugu, Kagetsugu
Provinz Bingo	Masaie, Masahiro, Masanobu, Ichijô, Kanemori, Mitsushige
Provinz Suô	Kiyotsuna, Kiyosada
Provinz Nagato	Akikuni, Yukikuni
Provinz Chikuzen	Moritaka
Provinz Chikugo	Ienaga, Norinaga
Provinz Buzen	Yoshizane, Yoshisada
Provinz Bungo	Yoshizane, Yoshikane, Nagamori, Shigenori
Provinz Higo	Masakuni
Provinz Hizen	Kuniyoshi, Kunitoki
Provinz Satsuma	Yasuyuki
Provinz Kii	Sanetsuna, Sanetsugu
Provinz Sanuki	Ujiyoshi, Yasuyoshi
Provinz Tosa	Yoshimitsu

Die auf 1467 folgenden siebzig Jahre sind als die Sengoku-Periode bekannt, in diesem Zeitraum herrschte fast ständig Bürgerkrieg. Um der gestiegenen Nachfrage an Schwertern Herr zu werden, verlegten sich die Schwertschmiede auf die Massenproduktion von Klingen. Weil dazu nicht mehr die traditionellen Arbeitsmethoden angewendet wurden und außerdem die Schwertschmiede nicht mehr Stahl aus eigener Herstellung verarbeiteten, waren die so entstandenen Klingen teilweise von minderwertiger Qualität. So gibt es heutzutage zwar eine große Anzahl von Schwertern aus der Sengoku-Periode, es können aber nur wenige davon als hochwertig betrachtet werden.

Mitte des 16. Jahrhunderts ehrte der Kaiser persönlich die Verdienste der Schwertschmiede. Er verlieh einer Reihe von Schmieden Ehrentitel. Normalerweise war es so, daß der Titel und der Name der Provinz dem Vornamen des Schmiedes vorangestellt wurden. Die am häufigsten verliehenen Titel waren Suke, Jo, Daijo und Kami *(Abb. 5)*.

3. Die neue Schwertperiode (Shinto) von 1530 bis 1867

Abb. 6. Samurai während der Edo-Zeit in formeller Kleidung. Er trägt zwei Schwerter in seinem Gürtel.

Oda Nobunaga und Toyotomi Hideyoshi sorgten dafür, daß die langjährigen Bürgerkriege zu Ende gingen. Die nun folgende Zeit war verhältnismäßig friedlich, darum verlor das Schwert seinen funktionellen Wert. Außerdem wurde die Länge des Langschwertes (daito) reduziert, die Länge der Schneide betrug jetzt noch ungefähr 60 cm. Die Samurai gingen jetzt dazu über, das Schwert in den Stoffgürtel ihres Gewandes gesteckt zu tragen *(Abb. 6)*. Zu Anfang der Neuen Schwertperiode, als Osaka-Kyoto noch das Regierungszentrum war, lebten in dieser Gegend viele gute Schwertschmiede. Die traditionellen Lehren der fünf Schulen gingen allmäh-

lich verloren, es bildeten sich jetzt in praktisch allen befestigten Städten Zentren der Schwertherstellung. Während der Tokugawa-Zeit war Edo (das spätere Tokio) das Zentrum der Schwertfertigung, so daß viele Schmiede in diese Stadt zogen. Gegen Ende dieser Periode waren die hergestellten Schwerter nur noch von dürftiger Qualität, man legte jetzt mehr Wert auf gutes Aussehen der Waffen als auf die Funktionalität. Die Schmiede brachten überdies vermehrt umfangreiche Verzierungen auf ihren Erzeugnissen an. So finden sich auf Schwertern aus dieser Zeit extravagante Gravuren von Blumen, Ornamenten und Drachen, statt der einfachen Sanskrit-Inschriften aus früherer Zeit. Selbst die Härtelinien wurden mit Zierrat versehen. Mehr als die Hälfte aller heute noch erhaltenen Samuraischwerter entstanden in der Neuen Schwertperiode.
Die folgende Aufstellung zeigt die Namen einer Reihe von führenden Schmieden aus der Frühzeit (Azuchi-Momoyama) dieser Periode. Titel und Familiennamen stehen in Klammern:

Provinz Yamashiro	(Umetada) Myôju
	(Shinano no Kami) Kunihiro
	Kuniyasu
	(Deba Daijô) Kunimichi
	(Echigo no Kami) Kunitomo
	(Ôsumi no Jô) Masahiro
	(Iga no Kami) Kanamichi
	(Tamba no Kami) Yoshimichi
	(Etchû no Kami) Masatoshi
	(Izumi no Kami) Kunisada
	(Kôchi no Kami) Kunisuke
Provinz Settsu	(Izumi no Kami) Kunisada
	(Kôchi no Kami) Kunisuke,
	(Soboro) Sukehiro
	(Tamba no Kami) Yoshimichi
	(Omino Kami) Tadatsuna
	(Mutsu no Kami) Kanemori
Provinz Mino	(Sagami no Kami) Masatsune
	(Mino no Kami) Masatsune
	(Hôki no Kami) Nobutaka
	(Hidachi no Kami) Ujifusa

Provinz Musashi	Hankei Yasutsugu (Musashi Daijô) Korekazu
Provinz Ômi	Ippô
Provinz Iwashiro	Nagakuni (Mutsu Daijô) Nagamichi
Provinz Rikuzen	(Yamashiro Daijô) Kunikane (Yamato Daijô) Yasusada
Provinz Wakasa	(Wakasa no Kami) Fuyuhiro
Provinz Echizen	Higo Daijô, Sadakuni, Yasutsugu, (Yamato Daijô) Masanori
Provinz Kaga	Kanewaka Takahira Katsukuni
Provinz Bitchû	(Ôyogo) Kunishige
Provinz Aki	(Higo no Kami) Teruhiro (Harima no Kami) Teruhiro
Provinz Kii	Shigekuni
Provinz Bizen	Sukesada
Provinz Hizen	Tadayoshi (Omi Daijô) Masahiro (Kawachi Daijô) Masahiro (Deba no Kami) Yukihiro
Provinz Satsuma	(Izu no Kami) Masafusa

Die folgende Aufstellung zeigt eine Reihe von führenden Schmieden aus der Edo-Zeit bzw. der zweiten Hälfte der Neuen Schwertperiode.

Provinz Yamashiro	Yoshinobu Yoshihira (Iga no Kami) Kanamichi (Tamba no Kami) Yoshimichi (Ômi no Kami) Hisamichi

Provinz Settsu	Shinkai
	Harukuni
	(Echizen no Kami) Sukehiro,
	(Ômi no Kami) Sukenao
	(Kawachi no Kami) Kunisuke
	(Higo no Kami) Kuniyasu
	(Ise no Kami) Kuniteru
	(Yamato no Kami) Yoshimichi,
	(Ikkanshi) Tadatsuna
	Nagatsuna
	(Tatara) Chôkô
	(Echigo no Kami) Kanesada
	Terukane
Provinz Musashi	Kotetsu
	Okimasa
	Okinao
	Yasutsugu
	(Ômi no Kami) Tsuguhira
	(Musashi Daijô) Korekazu
	(Tsushima no Kami) Tsunemitsu
	Mitsuhira
	(Ômi no Kami) Masahiro
	(Tajima no Kami) Sadakuni,
	(Suishinshi) Masahide,
	(Chikuzen Daijô) Naotane,
	Naokatsu
	Kiyomaro
	(Chikuzen no Kami) Nobuhide
	Masao
	(Sa) Yukihide
Provinz Hidachi	Kaboku
	Bokuden
Provinz Rikuzen	(Yamashiro no Kami) Kunikane
	Yasutomo
Provinz Bizen	Sukesada
	Sukenaga
	Kunimune
Provinz Satsuma	(Hôki no Kami) Masayoshi
	(Yamato no Kami) Motohira

4. Die Periode der modernen Schwerter (Shin-Shinto) nach 1868

Kaiser Meiji bestieg seinen Thron formell erst drei Jahre nach dem Beginn dieser Zeitrechnung, und er begann mit der Meiji-Restauration. Im Verlauf dieser Reformen wurde Japan modernisiert und begann nun, sich in seiner Entwicklung der übrigen Welt anzugleichen - diese Reformen waren ohne Zweifel der wichtigste Abschnitt in der gesamten japanischen Geschichte. Das Feudalsystem wurde abgeschafft, und zusammen mit dieser Abschaffung verloren auch die Samurai ihre Privilegien. Das Schwerttragen wurde verboten. Folglich verloren auch die Schwertschmiede ihre bisherige Arbeit, sie mußten nun einfache Schmiedearbeiten ausführen. Um ihren Lebensunterhalt weiter zu verdienen, fertigten sie Ackergeräte wie zum Beispiel Hacken, aber auch Scheren, Messer, Hufeisen und ähnliches. Seit dieser Zeit hat es in Japan nie wieder einen wirklich großen Schwertschmied gegeben. In der Meiji-Zeit (1868 bis 1912) wurden Schwerter, Stichblätter und Schwertzierrate außer Landes verkauft, hauptsächlich nach Frankreich und in die Vereinigten Staaten. Um die Jahrhundertwende hatte das Sammeln japanischer Schwerter in den USA einen Höhepunkt erreicht, aus dieser Zeit stammen eine ganze Reihe von Büchern über Schwerter und Schwertzierrate. Ein großer Teil der Exponate der heutigen großartigen Sammlungen von Schwertern und Schwertzierraten in den Museen stammt aus den damals angelegten Sammlungen.

Mit dem Beginn der Showa-Periode (1926 bis zum Tode Kaiser Hirohitos im Jahre 1989) begann man in Japan, sich wieder mehr auf überkommene Werte zurückzubesinnen, auch nationalistische Ideen fanden wieder mehr Anhänger. Desgleichen lebte die traditionelle Schwertschmiedekunst deutlich wieder auf, wenngleich sie auch jeweils nur in kleinem Rahmen betrieben wurde. Deswegen wurde bei den jährlich stattfindenden Ausstellungen der Kaiserlichen Kunstakademie eine eigene Schwertabteilung eingerichtet. Kurz vor dem Ausbruch des 2. Weltkrieges gab es in Japan wieder ungefähr einhundert Kunsthandwerker, die sich neben ihrer eigentli-

Abb. 7. Stempel, der sich auf vielen Klingen aus der Showa-Zeit findet. Kirschblüte mit Schriftzeichen sho (Durchmesser des Originalzeichens ca. 4 mm).

chen handwerklichen Beschäftigung auch mit dem Schmieden von Schwertklingen beschäftigten. Auf vielen, von Schmieden der Showa-Periode hergestellten Schwertern, findet sich ein Stempel mit einer Kirschblüte und dem Schriftzeichen Sho für Showa auf der Angel, er steht üblicherweise über der Signatur des Schmiedes *(Abb. 7 und 8)*. Viele in der ersten Hälfte unseres Jahrhunderts hergestellte Blankwaffen, wie Polizeisäbel und Militärschwerter, haben mit den Samuraischwertern nicht mehr viel zu tun. Ihre Klingen wurden auf moderne Weise maschinell geschmiedet und ihre Oberfläche wurde chemisch behandelt oder beschichtet, sie wurden nicht nach dem für Samuraischwerter traditionellen Verfahren handgeschmiedet und aufwendig gehärtet.

Abb. 8. Beschriftung der Angel einer in der Showa-Zeit von Shoshinshi Fukumoto Kumemune geschmiedeten Klinge. Beachten Sie den Kirschblütenstempel mit dem Schriftzeichen Sho über der Signatur.

Schwertschmiede und Schwerter in der Statistik

Den vorhandenen Unterlagen ist zu entnehmen, daß bis zum Beginn der Meiji-Restauration im Jahre 1868 ungefähr dreizehntausend Schwertschmiede in Japan gearbeitet hatten. Wenn man zu dieser Zahl noch die Schmiede hinzuzählt, die nur zum Vergnügen Schwerter schmiedeten oder deren Existenz nicht sicher nachgewiesen werden konnte, dann kommt man auf ungefähr zwanzigtausend Schwertschmiede. Wenn man weiterhin annimmt, daß jeder Schwertschmied während seiner Schaffenszeit ungefähr 100 Klingen hergestellt hat, eine Zahl, die durchaus realistisch ist, dann kommt man auf eine Gesamtproduktionszahl von Samuraischwertern, die bei ungefähr 2 Millionen Stück liegt.
Vor dem 2. Weltkrieg existierten noch ungefähr eineinhalb Millionen Schwerter (inklusive der fabrikmäßig hergestellten Stücke), von denen beinahe ein Drittel Klingen von mehr als 60 cm Länge hatten. Von diesen wiederum waren ungefähr 200.000 Stück im Auftrag der japanischen Regierung in Blankwaffenfabriken und von Schmieden nach der Meiji-Restauration gefertigt worden. Heutzutage gibt es nur noch ca. 100.000

Schwerter in Japan. In den Vereinigten Staaten dagegen befinden sich mittlerweile weitaus mehr japanische Schwerter als in Japan selbst. Man nimmt an, daß ungefähr 250.000 bis 350.000 Schwerter von heimkehrenden US-Soldaten als Kriegsandenken mit in die Heimat genommen wurden (Foto 1). Die meisten dieser Waffen sind Langschwerter (daito), die vorher von japanischen Offizieren und Unteroffizieren geführt worden waren. Ungefähr 70 Prozent aller heute noch existierenden Langschwerter befinden sich in den USA. Der größte Teil der von Soldaten mit in die USA heimgenommenen Schwerter hat die Montierung buke-zukuri. Danach kommen Schwerter vom neuen Militärtyp (shin-gunto), gefolgt vom alten Militärtyp (kyo-gunto), dann folgen Polizeisäbel, militärische Paradesäbel und diverse Marinesäbel. Es sind nur sehr wenige Schwerter der Typen ken und jindachi-zukuri in die Vereinigten Staaten gelangt.

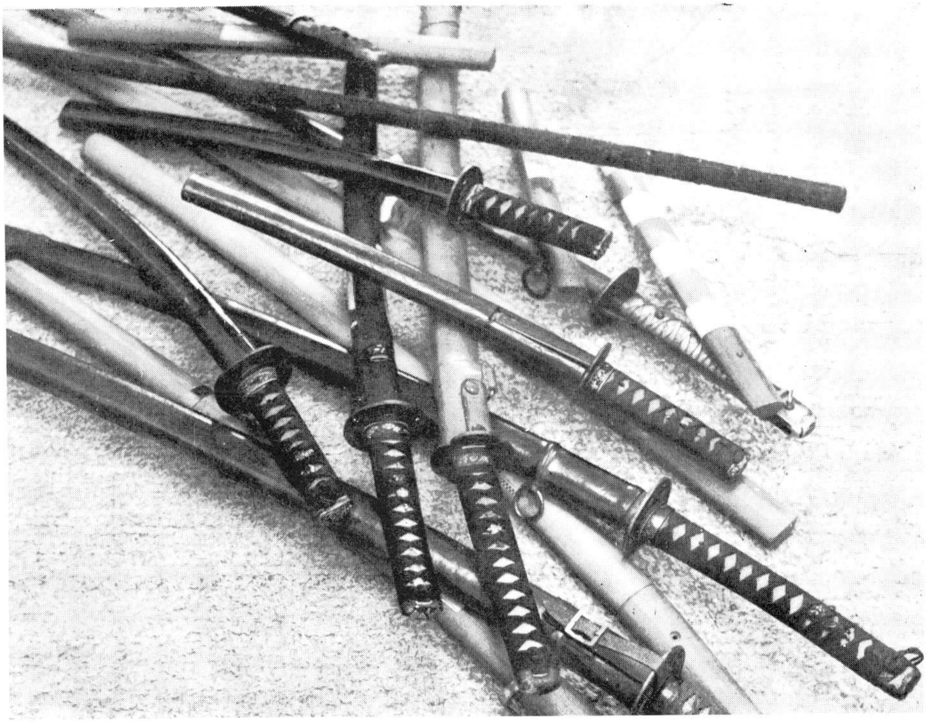

Foto 1. Sammlung von japanischen Schwertern, die von amerikanischen Soldaten als Andenken mit nach Hause genommen wurden.

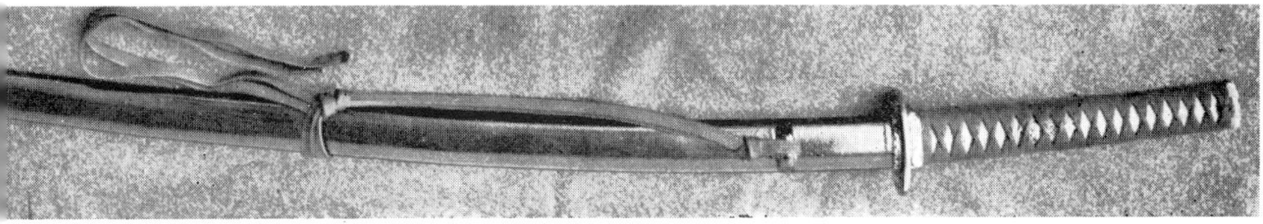

Foto 2. Daito (Langschwert)

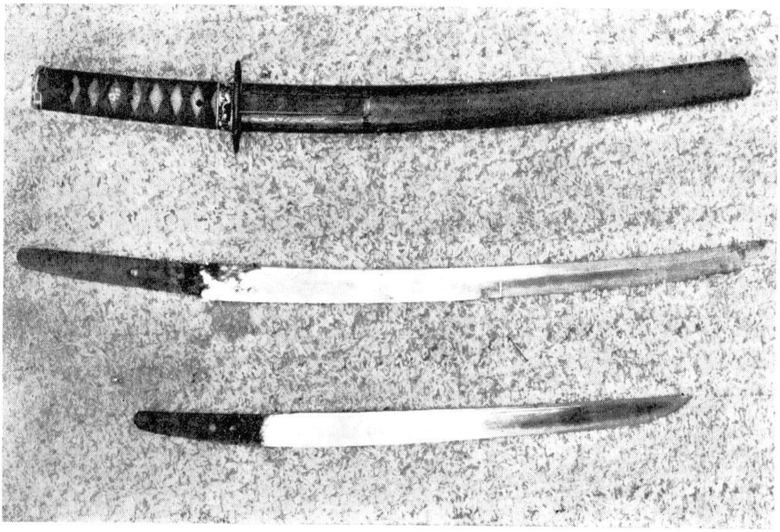

Foto 3. Oben: wakizashi (Kurzschwert) in buke-zukuri-Montierung
Mitte: wakizashi mit Klinge der Bauart shinogi-zukuri mit Grat.
Unten: Klinge eines wakizashi mit Klinge des Typs hira-zukuri ohne Grat.

Foto 4. Tanto (Dolch) in Montierung aus Silber. Griffe der hier gezeigten Art ohne Umwicklung mit Bändern finden sich oft an Waffen, die für zeremonielle Zwecke in der Montierung jindachi-zukuri verwendet wurden.

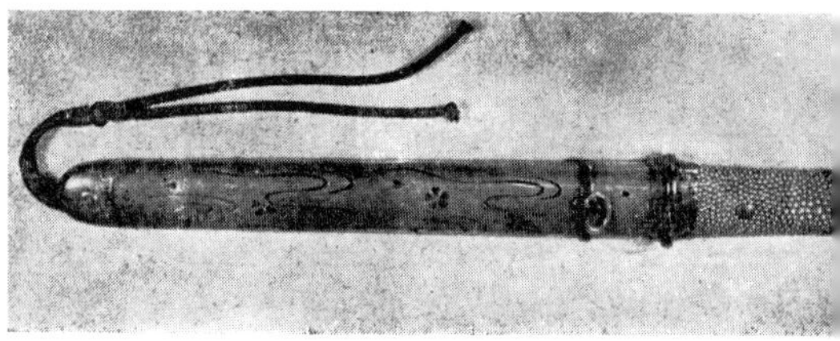

Foto 5. Tanto in der Montierung shirasaya. Die Beschriftungen sind vom Sammler angebracht worden.
Bildmitte: Tanto-Klinge vom Typ hira-zukuri.
Unten: Tanto in der Montierung buke-zukuri

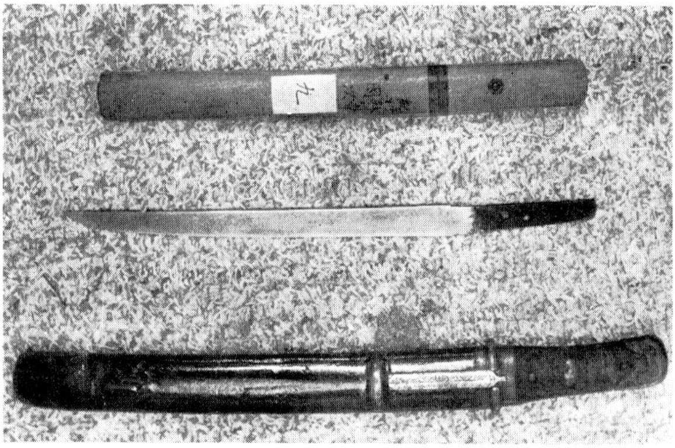

Foto 6. Langschwert mit gerader Klinge in ken-Montierung

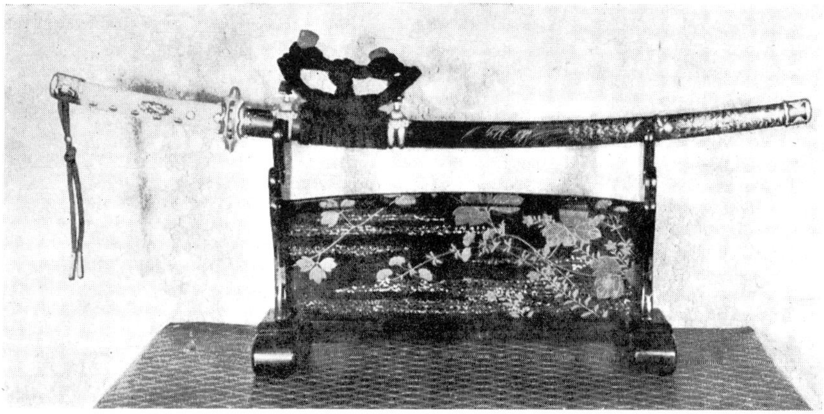

Foto 7. Langschwert in jindachi-zukuri-Montierung.
Beachten Sie, daß der Schwertgriff nicht mit Seidenband umwickelt ist.

Foto 8. Langschwert in jindachi-zukuri-Montierung.
Beachten Sie die Umwicklung des Griffes mit Seidenband.

Foto 9. Tuschezeichnung eines Samurai aus der mittleren Edo-Zeit. Beide Schwerter in seinem Gürtel sind in buke-zukuri-Montierung.

2

Die verschiedenen Schwertarten

Samuraischwerter können aufgrund ihrer Länge oder der Art ihrer Montierung in verschiedene Typenbereiche eingruppiert werden.

Eingruppierung der Schwerter nach Länge

Aufgrund ihrer Klingenlänge können die Schwerter der Samurai in drei Gruppen eingeteilt werden. Zum Messen der Klingenlänge von Schwertern, aber auch in vielen anderen Bereichen, benutzten die Japaner gewöhnlich das Längenmaß shaku oder Bruchteile davon:

10 rin = 1 bu = 3 mm

10 bu = 1 sun = 30,3 mm

10 sun = 1 shaku = 303 mm

1. Langschwert (Daito oder Katana):
Schwerter mit einer Klingenlänge von mehr als zwei shaku (über 60 cm). Dieses Schwert war das längere der beiden Schwerter, die ein Samurai üblicherweise trug. Von Schwertern dieser Länge sind viele gute Exemplare erhalten. Es ist äußerst schwierig, die Schneide eines daito von der Spitze bis zur Angel gleichmäßig zu härten, weil die Klinge sehr lang ist (Foto 2).

2. Kurzschwert (Wakizashi):
Die Klingen dieser Waffen sind zwischen ein und zwei shaku (30 bis 60 cm) lang. Die Samurai trugen diese Schwerter ab Mitte des 14. Jahrhunderts als Hilfswaffen und später für den rituellen Selbstmord (seppuku). Personen von niederem Stand durften nur ein Schwert tragen, dessen Klinge nicht länger als zwei shaku lang sein durfte. Gute Schwerter in dieser Länge sind rar (Foto 3).
(Anmerkung des Übersetzers: John M. Yumoto bezeichnet in der englischen Originalausgabe dieses Buches das wakizashi als „mittellanges Schwert". In der deutschen Fassung wird aber die mittlerweile international übliche Bezeichnung „Kurzschwert" verwendet).

3. Dolch (Tanto):
Die Klingen dieser Waffen sind kürzer als ein shaku (weniger als 30 cm). Sie dienten dem Samurai als Hilfswaffen, Frauen und reisende Händler trugen sie zur Selbstverteidigung. Sie haben normalerweise die flache hira-zukuri-Klingenform ohne Grat. Umgangssprachlich werden sie vor allen Dingen außerhalb Japans manchmal auch als Harakiri-Messer bezeichnet, im Land selbst war diese Bezeichnung nicht üblich (Fotos 4 und 5).
(Anmerkung des Übersetzers: John M. Yumoto bezeichnet in der englischen Originalausgabe dieses Buches den tantô als „Kurzschwert". In der deutschen Fassung wird aber die mittlerweile international übliche Bezeichnung „Dolch" verwendet).

Eingruppierung der Schwerter nach Montierung

Unabhängig von ihrer Länge können die Schwerter auch aufgrund ihrer Montierung in sechs Klassen eingeteilt werden.

1. Die Montierung Ken

Diese älteste Schwertform ist gerade, die Montierung wurde in der Periode vor 900 n. Chr. verwendet. Es sind nur noch wenige Stücke erhalten. Von den mit dieser Montierung erhalten gebliebenen Schwertern haben einige einschneidige Klingen, während andere zweischneidig ausgeführt sind *(Foto 6)*.

2. Die Montierung Jindachi-Zukuri

Diese Montierung wurde für die Langschwerter der Periode „Altes Schwert" (koto) von 900 bis 1530 verwendet, die Schwerter waren 120 cm bis 150 cm lang. In dieser Periode wurde das Schwert mit Hilfe von Bändern von der Hüfte herabhängend getragen, die Bänder waren durch zwei Ringe an der Scheide gezogen *(Fotos 7 und 8)*. Von der jindachi-zukuri-Montierung gibt es viele Nachahmungen. Die meisten Kopien entstanden in den letzten hundert Jahren in der Nähe von Tokio, Kyoto, Nara und Sakai (in der Nähe von Osaka). Es wurden dort übrigens nicht nur die Montierungen gefälscht, sondern auch berühmte Klingen in betrügerischer Absicht nachgeahmt.

3. Die Montierung Buke-Zukuri

Diese Montierungen stammen aus der „Neues Schwert"- bzw. shinto-Periode (1531 bis 1867). Der Griff ist mit Seidenband oder mit Lederstreifen umwickelt. Da diese Schwerter an der linken Hüfte getragen wurden, wobei sie zwischen Stoffgürtel und Kleidung geschoben wurden, hatten sie im Gegensatz zur jindachi-zukuri-Montierung keine Trageringe an der Scheide. Schwerter in dieser Montierung haben eine Gesamtlänge von105 cm bis 135 cm *(Fotos 9 und 10)*. Von allen bekannten Schwertmontierungen ist diese Montierung die häufigste, und sie wird auch von den Sammlern am meisten geschätzt. An der Scheide von Schwertern in buke-zukuri-Montierung befinden sich oft zusätzliche Scheideneinsätze für ein kozuka (Beimesser), ein kogai (Schwertnadel) oder ein Paar waribashi (Eßstäbchen), die in der Nähe des Scheidenmundes angebracht sind *(Foto 11)*. Zuerst wurde das kozuka als Dolch benutzt, später wurde es dann als Messer für alle möglichen Zwecke verwendet. Die Klinge für das kozuga wurde üblicherweise von demselben Schmied hergestellt, der auch die Schwertklinge geschmiedet hatte. Das Beimesser ist vom kata-kiri-ba-Typ, also einschneidig und ohne Grat, seine Klinge wurde normalerweise nur teilweise poliert. Der Griff des Beimessers wurde von den gleichen Handwerkern hergestellt, die auch die anderen Teile des eigentlichen Schwertes wie fuchi (Schwertzwinge), kashira (Knauf), menuki (Zierrate) und tsuba (Stichblatt) fertigten. Das kogai wurde von den Samurai als Haarnadel zum Zusammenstecken der Frisur benutzt, normalerweise befand es sich in einer Seitenscheide an der Scheide des wakizashi (Kurzschwert). Ein abgerundetes Verlängerungsstück am Knauf der Schwertnadel wurde unter anderem zum Reinigen der Ohren benutzt. Die Klinge der Schwertnadel ist stumpf, zeitweilig wurden solche Nadeln gern als Brieföffner verwendet. Die beiden Hälften des Eßstäbchenpaares sehen zusammengelegt genauso aus wie das kogai. Kogai und wari-bashi wurden von den gleichen Handwerkern gefertigt, die auch das Beimesser herstellten. Es wurden üblicherweise höchstens zwei der drei hier beschriebenen Gegenstände an der Schwertscheide getragen.

4. Die Montierung Shira-Saya

Diese Montierung bestand aus ganz schlichten Holzteilen, sie wurde verwendet, um die eigentliche Montierung zu schonen oder um eine beschädigte Montierung zu ersetzen. Bei dieser Montierung ist kein Stichblatt vorhanden. Shira-saya-Montierungen wurden nach der Meiji-Restauration häufig von Handwerkern angebracht, die für die Fertigung der aufwendigeren Montierungen nicht die nötige Sachkenntnis besaßen. Für diese Montierung wird auch die Bezeichnung yasume-saya verwendet, wie schon vorher erwähnt, diente sie zum Schutz der Klinge oder zur Schonung der (teuren) Originalmontierung. Wenn eine Klinge nicht in der Originalmontierung angebracht ist, wird diese Montierung mit einer Ersatzklinge (tsunagi) aus Holz oder Bambus versehen, damit sie die Form behält *(Foto 12)*.

5. Gunto (Heeres- und Marineschwerter) und ihre Montierungen

Nach der Meiji-Restauration wurde die Samuraikaste durch die Armee und die Marine Ihrer Kaiserlichen Majestät ersetzt. Die Angehörigen von Heer und Marine trugen vorschriftsmäßige Säbel nach europäischem Vorbild, die in modernen regierungseigenen Fabriken hergestellt worden waren. Im Kriegsfall wurden diese Waffen allerdings häufig durch Samuraischwerter ersetzt, die in vorschriftsmäßigen Militärmontierungen getragen wurden.

a. Die Montierung kyo-gunto (ursprüngliches Militärschwert)
Die Scheide des ursprünglichen Militärschwertes war verchromt. Das Gefäß war mit Haifisch- oder Rochenhaut bezogen, um die wiederum goldfarbener Draht gewickelt war. Der Handschutz bestand aus einem Metallbügel, der von der Klingenwurzel im Bogen zum Knauf verlief, diese Form ähnelte dem Entermesser der britischen Marine *(Foto 13).* Die meisten Offiziere im Chinesisch-Japanischen Krieg von 1895 bis 1896 und im Russisch-Japanischen Krieg von 1905 bis 1906 trugen allerdings Samuraischwerter in traditioneller buke-zukuri-Montierung. Einige Offiziere und Unteroffiziere trugen damals aber auch Samuraiklingen in der offiziellen Militärmontierung.
Die japanische Polizei hat ebenfalls Säbel benutzt, die den oben erwähnten Waffen sehr ähnlich sahen, allerdings hatten sie schmalere Klingen. Die Klingen dieser Säbel waren aus beschichtetem Stahl gefertigt, so daß sie aussahen, als wenn sie eine gehärtete Schneide hätten. Von einer tatsächlich handgehärteten Schneide kann man sie aber leicht unterscheiden, denn die maschinell gefertigte Klinge hat ein völlig symmetrisches Härtemuster. Diese Schwerter wurden längere Zeit als absolut wertlos betrachtet. Ähnliche Schwerter sind in Friedenszeiten auch von japanischen Heeresoffizieren zu Paradezwecken verwendet worden *(Foto 14).*

b. Die Montierung shin-gunto (Militärschwert der Neuzeit)
Im Jahre 1937 wurde bei den japanischen Streitkräften eine neue Schwertmontierung eingeführt, die als shin-gunto bezeichnet wurde. Die Scheide dieses Typs ähnelt der Montierung jindachi-zukuri, sie ist aber aus einem bräunlichen Metall gefertigt. Für den Gebrauch im Feld waren die Scheiden mit Leder überzogen *(Foto 15).* Der Schwertgriff entspricht in etwa der Montierung buke-zukuri, er ist mit Lederstreifen oder Textilband umwickelt. Auf Knauf und Griff befinden sich üblicherweise kirschblütenförmige Ornamente. Am Knauf befindet sich grundsätzlich eine farbige Quaste, durch welche die Rangstellung des jeweiligen Offiziers gekennzeichnet ist: Blau für Subalternoffiziere und Hauptleute, rot für Stabsoffiziere und rot-gold für Generale.
Die Klingen der verschiedenen Versionen dieses Schwerttyps wurden in der Showa-Periode von 1937 bis 1945 fabrikmäßig gefertigt oder von ungeübten Schmieden hergestellt. Ihr Wert wurde längere Zeit als gering eingeschätzt (John M. Yumoto bezeichnet sie in seinem Buch sogar als „wert-

los"), in den letzten Jahren sind sie aber ebenfalls für den Sammlermarkt zunehmend interessanter geworden.
Ein anderer Schwerttyp, der im wesentlichen der oben behandelten Waffenart entsprach, war das von den Unteroffizieren geführte Schwert. Der Griff dieser Waffe bestand aus Gußeisen oder aus Aluguß, da er aber braun lackiert war, sah er so aus, als wäre er mit Leder oder Textilband umwickelt *(Foto 16)*. Die Klingen dieser Schwerter wurden in regierungseigenen Fabriken hergestellt, man erkennt sie an den arabischen Zahlen auf der Klinge. Außerdem sind auf der Klinge normalerweise Schleifspuren zu sehen, die vom Schleifvorgang durch Schleifmaschinen verursacht wurden.

c. Die Montierung kaigunto (Marineschwert)
Die von den Offizieren der kaiserlichen japanischen Marine verwendeten Schwerter gehörten drei verschiedenen Typen an *(Foto 17)*. Der erste Typ ist ein Kurzschwert von ungefähr 40cm Länge. Der zweite Typ ist länger und entspricht ungefähr dem Armeetyp, an seiner schwarzen Scheide befinden sich zwei Ringe. Einige Offiziere benutzten Schwerter des ersten und zweiten Typs mit alten Samuraiklingen. Auch der dritte Schwerttyp ist ein Langschwert, die Klinge ist aber schmaler und die Waffe ähnelt einem Polizeisäbel. Fast alle Klingen der Waffen des ersten und dritten Typs waren maschinell gefertigt und werden von John M. Yumoto als völlig wertlos bezeichnet.

6. Die Montierung Shikomi-Zue (Stock-Montierung)
Fast alle Montierungen dieser Art stammen aus der Zeit nach der Meiji-Restauration. Die meisten dieser Klingen sind von sehr dürftiger Qualität *(Foto 18)*.

3

Die Einzelteile des Schwertes

Das Schwert besteht aus zwei Hauptteilgruppen, nämlich aus der Klinge und den Montierungen.

Die Klinge

Die Schwertklinge besteht aus den folgenden Einzelbereichen *(Abb. 9):*

1. Die Spitze (Kissaki)

Dieser Teil der Schwertklinge ist am schwierigsten zu schmieden und zu polieren. Der Wert eines Schwertes ist sehr stark vom Zustand der Klingenspitze abhängig. Die Härtelinien (boshi) zu beiden Seiten der Spitze müssen nicht unbedingt parallel verlaufen.

a. Die Spitzen können unabhängig von ihrer Größe in zwei Ausführungen eingeteilt werden *(Abb. 10):*

   1) Klingenspitze mit geraden Kanten (fukura-kareru)
   2) Klingenspitze mit gebogenen Kanten (fukura-tsuku)

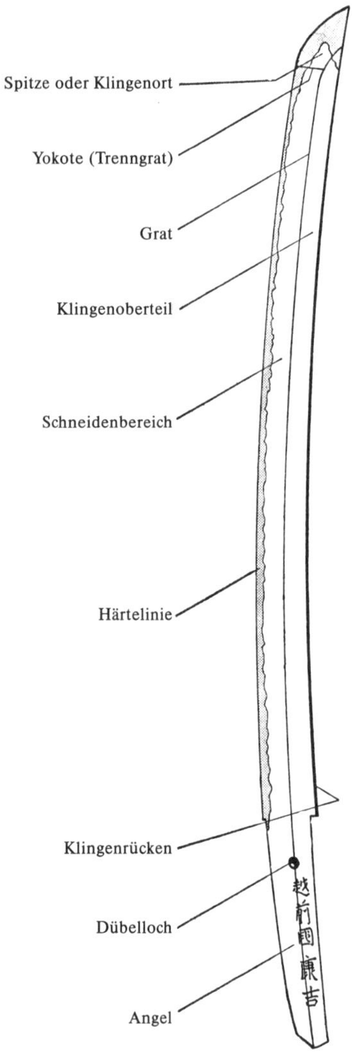

Abb. 9. Teile einer Klinge vom Typ shinogi-zukuri

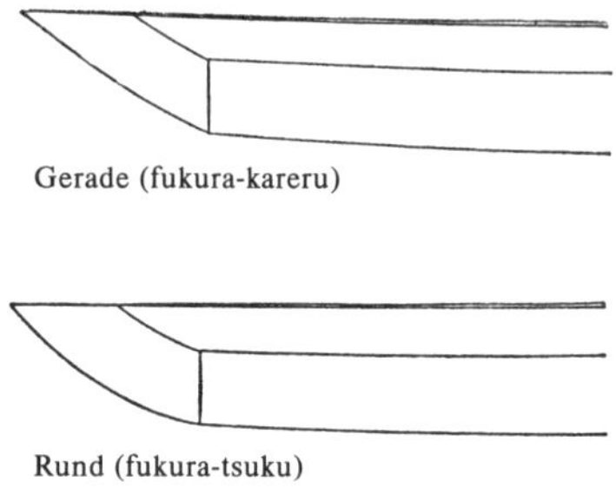

Abb. 10. Einteilung der Klingenspitzen nach ihrer Form

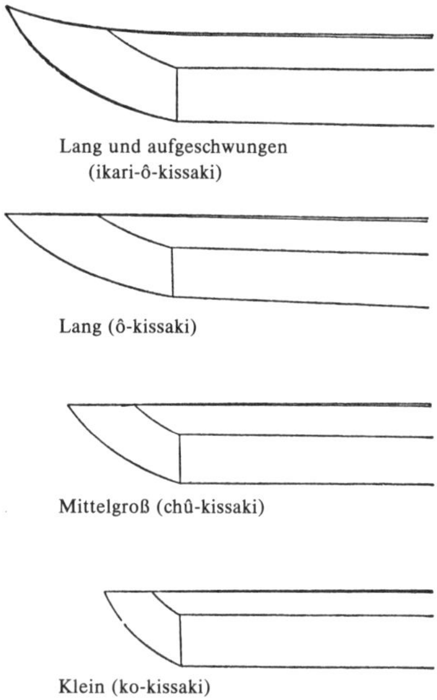

Abb. 11. Einteilung der Klingenspitzen nach Form und Größe

b. Anhand ihrer Größe und Form können die Klingenspitzen in vier Ausführungen eingeteilt werden *(Abb. 11):*

1) Kleine Spitze (ko-kissaki)
2) Mittelgroße Spitze (chu-kissaki)
3) Lange Spitze (o-kissaki)
4) Lange und aufgeschwungene Spitze (ikari-o-kissaki)

c. Aufgrund des Musters ihrer Härtelinien (boshi) können die Klingenspitzen in zehn Ausführungen eingeteilt werden *(Abb. 12):*

1) Großer Kreis (o-maru)
2) Kleiner Kreis (ko-maru)
3) Kopfform (jizo)
4) Linie ohne Wiederkehr (yaki-zume). Das Härtemuster folgt der Schneide und läuft in Richtung Angel zurück. Bei dem hier gezeigten Beispiel fehlt allerdings der Umkehrpunkt (kaeri).
5) Wellig (midare-komi). Bei diesem Typ haben die Härtelinien an der Spitze eine typische Wellenform.
6) Flammen (kaen).
7) Ganz gehärtet (ichi-mai). Die gesamte Spitze ist gehärtet.
8) Gerade Wende (kaeri-tsuyoshi)
9) Lange Wende (kaeri-fukashi)
10) Kurze Wende (kaeri-asashi)

2. TRENNUNGSGRAT ZWISCHEN KLINGENOBERFLÄCHE UND SPITZE (YOKOTE), *(Abb. 9)*

3. KLINGENGRAT (SHINOGI)

Dieses Merkmal ist an Klingen des Typs hira-zukuri nicht vorhanden. Der Klingengrat kommt in zwei verschiedenen Ausführungen vor (Abb. 13):

1) Erhabener Klingengrat (shinogi-takashi)
2) Flacher Klingengrat (shinogi-hikushi)

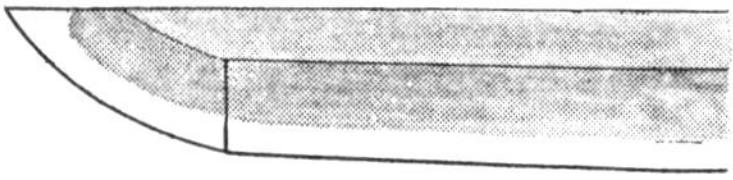

Großer Kreis (ô-maru)

Flammen (kaen)

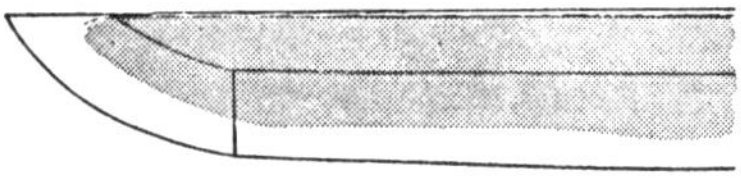

Kleiner Kreis (ko-maru)

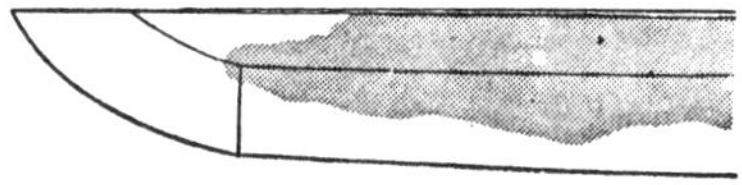

Ganz gehärtet (ichi-mai)

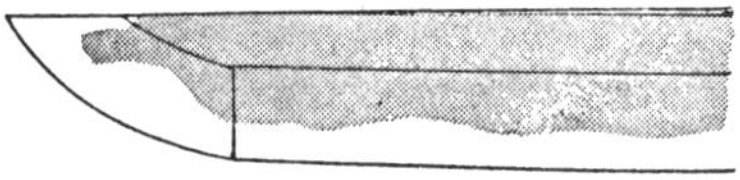

Kopfform (jizô)

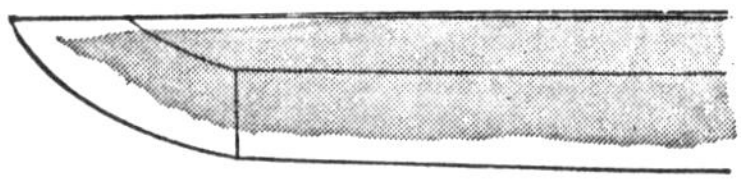

Gerade Wende (kaeri-tsuyoshi)

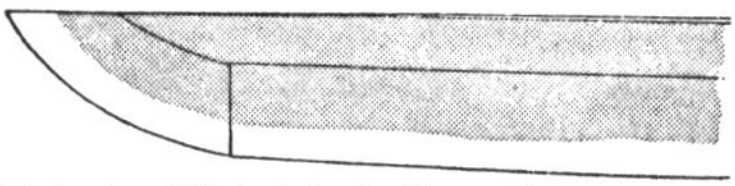

Linie ohne Wiederkehr (yaki-zume)

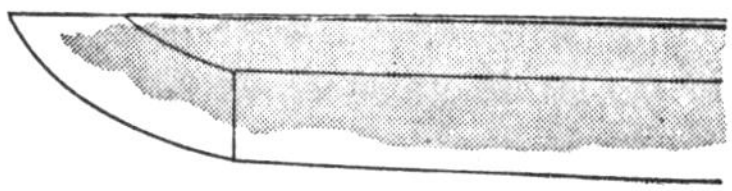

Lange Welle (kaeri-fukashi)

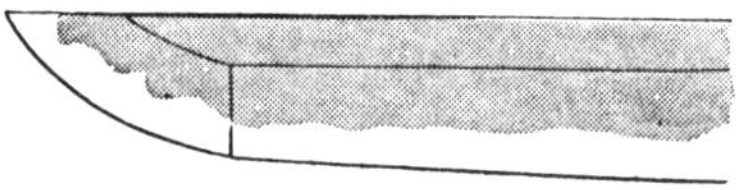

Wellig (midare-komi)

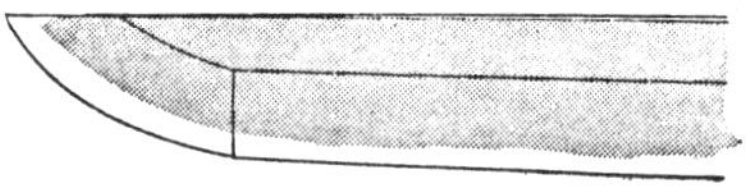

Kurze Wende (kaeri-asashi)

Abb. 12. Einteilung der Klingenspitzen nach dem Muster der Härtelinien

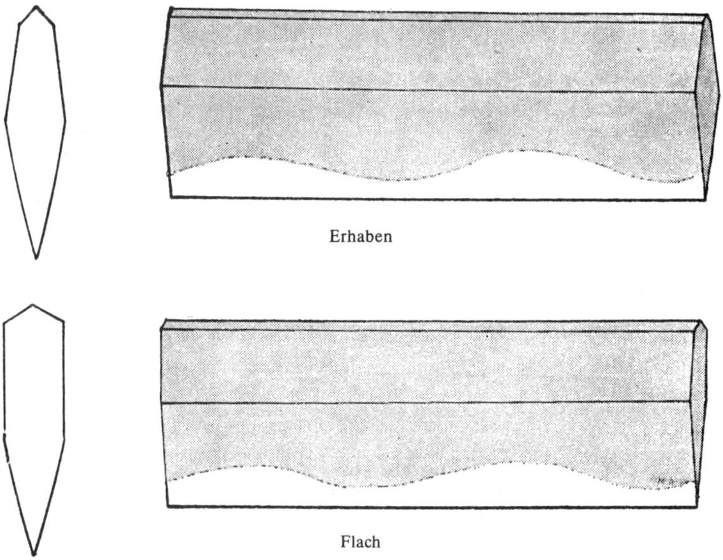

Abb. 13. Klingengrate

4. Klingenoberteil (Shinogi-Ji)

Einige Schmiede fertigten ihre Schwerter mit recht großem Klingenoberteil, während andere den Klingengrat näher zum Klingenrücken hin anbrachten *(Abb. 14).*

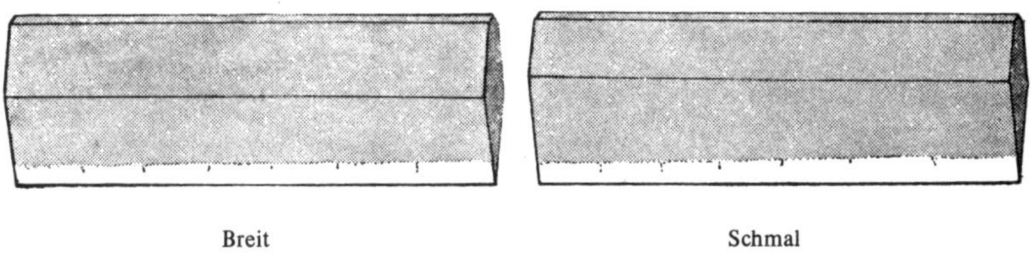

Abb. 14. Klingenoberteil oder Position des Klingengrates

5. Klingenoberfläche (Ji) und Verzierungen

Einige Klingen haben Hohlkehlen (hi), Gravuren (horimono), und Inschriften (bonji oder kanji) auf der Klingenoberfläche oder oberhalb des Klingengrates (shinogi-ji).

a. Hohlkehlen

Ursprünglich wurden Hohlkehlen angebracht, um ein Verbiegen der Klinge zu verhindern und um das Klingengewicht zu vermindern. Allmählich wurden diese Hohlkehlen aber zu einem Zierelement der Klinge. Die Form der Hohlkehlen kann in acht Varianten *(Abb. 15)* eingeteilt werden, von denen die Typen (4) und (8) hauptsächlich an Kurzschwertern vorkommen:

1) Breite Hohlkehle (bo-hi)
2) Zwei schmale Hohlkehlen (futasuji-hi)
3) Breite und schmale Hohlkehlen (bo-hi ni tsure-hi)
4) Kurze Hohlkehle (koshi-hi)
5) Zwei kurze Hohlkehlen (gomabashi)
6) Zwei Hohlkehlen mit gemeinsamem Abschluß (shobu-hi)
7) Zwei Hohlkehlen, unterbrochen, mit gemeinsamem Abschluß (kuichigai-hi)
8) Hellebarden-Hohlkehle (naginata-hi)

Beim Endbereich oder Abschluß der Hohlkehlen gibt es vier verschiedene Ausführungsarten (Abb. 16), von denen die Typen (1) und (2) meist auf Klingen aus der Alten Schwertperiode vorkommen:

1) Durch die Angel laufend (kaki-tôshi)
2) Halb durchgehend (kaki-nagashi)
3) Runder Abschluß (maru-dome)
4) Eckiger Abschluß (kaku-dome)

Wenn der Endbereich der Hohlkehlen über den Trenngrat zwischen Schneide und Spitze (yokote) hinausgeht, dann wird diese Ausführung als hisaki-agari bezeichnet, wenn der Endbereich der Hohlkehlen kurz vor dem Trenngrat (yokote) ausläuft, dann heißt diese Variante hisaki-sagari.

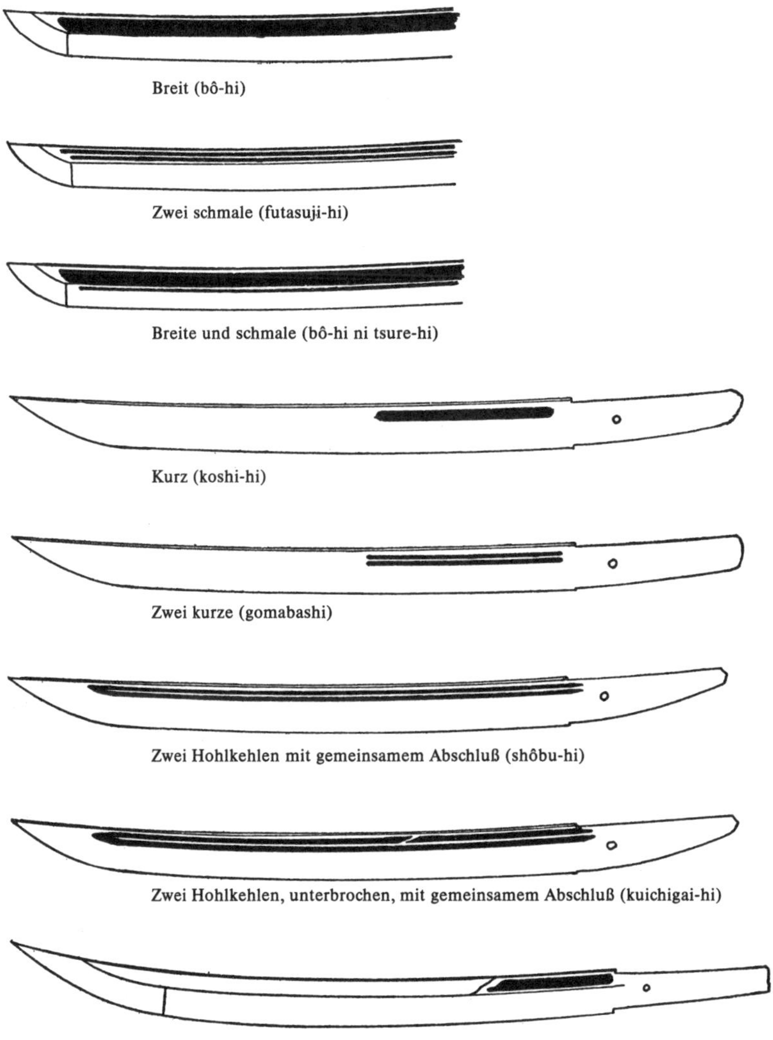

Abb. 15. Hohlkehlen

Durch die Angel laufend (kaki-tôshi)

Halb durchgehend (kaki-nagashi)

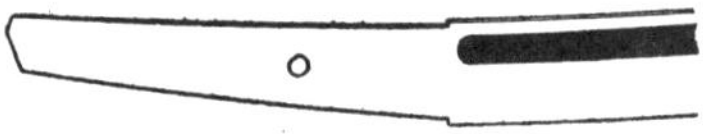

Runder Abschluß (maru-dome)

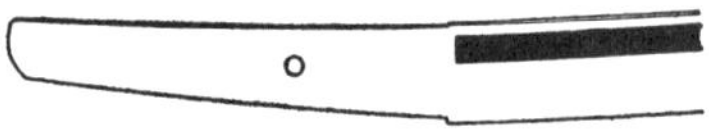

Eckiger Abschluß (kaku-dome)

Abb. 16. Obere Hohlkehlenabschlüsse

Über yokote hinauslaufend (hisaki agari)

Endet kurz vor yokote (hisaki sagari)

Randbereiche (chiri) auf beiden Seiten der Hohlkehle (ryô-chiri)

Randbereich oberhalb der Hohlkehle (kata-chiri)

Abb. 17. Endbereiche der Hohlkehlen und chiri (Randbereiche)

Wenn die Hohlkehle im oberen Teil nicht voll ausgearbeitet ist, dann heißt dieser Bereich chiri. Eine Hohlkehle kann an der Ober- und Unterseite chiri haben (ryo-chiri) oder nur an einer Seite (kata–chiri), *(Abb. 17)*.

b. Gravuren und Inschriften

Auch diese Verzierungen werden als dekorative Zusatzelemente betrachtet, obwohl sie früher eindeutig religiösen Charakter hatten. Allerdings ist ein Schwert nicht schon deswegen ein gutes Schwert, weil es Gravuren oder Verzierungen auf seiner Oberfläche trägt. Es kommt auch sehr häufig vor, daß derartige Verzierungen gefälscht sind oder später angebracht wurden, um Rostnarben oder andere Klingendefekte zu kaschieren.

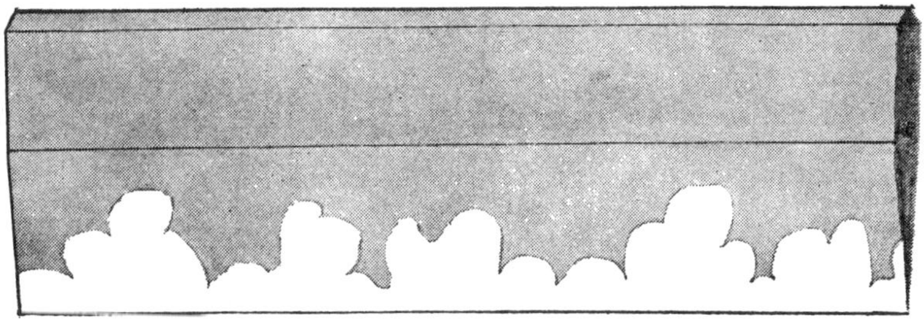

Nioi-Linie

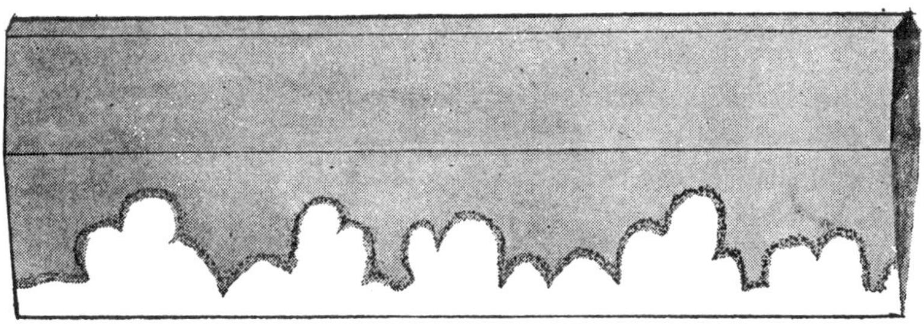

Nie-Linie

Abb. 18. Nioi und nie

6. Härtelinie (Yaki-Ba)

Die Härtelinie ist eine über die gesamte Länge der Klinge durchgehende Linie, deren Form entweder gerade oder gewellt ist. In diesem Bereich hat der Klingenstahl seine größte Härte. Beim Polieren der Klinge nimmt der gehärtete Stahl eine weißliche Farbe an. Diese Härtelinien gehören zu den herausragenden Besonderheiten der Samuraischwerter und spielen bei ihrer Begutachtung und Einordnung eine äußerst wichtige Rolle.

a. Nioi und nie

Die dünne, milchigweiße Linie, die den gehärteten Klingenbereich vom ungehärteten Stahl der Restklinge abgrenzt, besteht aus „nioi". „Nioi" ist eine Mischung von relativ feinkörnigen kristallinen Metallpartikeln, die sich aufgrund des Härteprozesses in diesem Bereich gebildet haben. Die „nioi"-Linie folgt immer genau dem Grenzbereich der eigentlichen Härtelinie, sie ist aber häufig aufgrund der Politur der Klinge nicht gut zu erkennen. Am besten sieht man sie, wenn man ein Schwert mit einer guten Politur in einem Winkel von zwanzig bis dreißig Grad gegen eine Lichtquelle hält, wobei die Lichtquelle etwa 15 cm von der Schwertspitze entfernt sein sollte. Bei einigen Schwertern hat die Trennlinie eine deutlich gröbere Partikelstruktur, diese Erscheinung wird „nie" genannt. „Nie" tritt auch auf der Klingenoberfläche auf, es gibt für diese Erscheinung abhängig von seiner Erscheinungsart und der Position auf der Klinge noch eine ganze Reihe von anderen Bezeichnungen. Im Grunde genommen sind „nioi" und „nie" das gleiche; die Unterscheidung nach nioi und nie wird aber von Sammlern zur besseren Klassifizierung verwendet *(Abb. 18).*

b. Arten der Härtelinien und ihre Muster

Die Härtelinien können aufgrund ihrer Form in zwei Klassen eingeteilt werden: die geraden Härtelinien (Muster 1 bis 8 und Kombinationen davon, siehe Abbildung); und die gewellten Härtelinien (Muster 10 bis 13; gunome; 15 bis 20; choji; 9, 14 und 21 bis 26; verschiedene andere Muster; sowie deren Kombinationen). Es ist beinahe unmöglich, alle denkbaren Varianten der Härtelinien abzubilden, das gilt besonders für das Muster hitatsura (voll), das in einer Unzahl von Abarten an den verschiedensten Schwertern vorkommt.

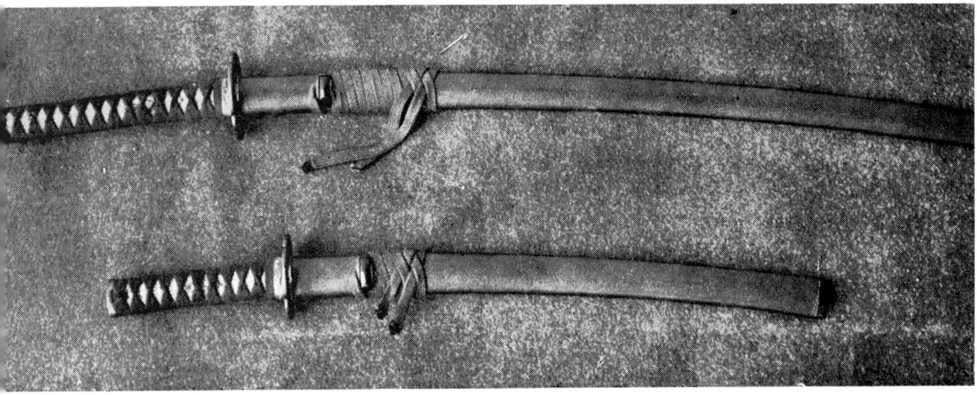

Foto 10. Schwertpaar in buke-zukuri-Montierung.
Oben: daito (katana) – Unten: wakizashi
Manchmal wurde auch anstelle des wakizashi ein tanto getragen.

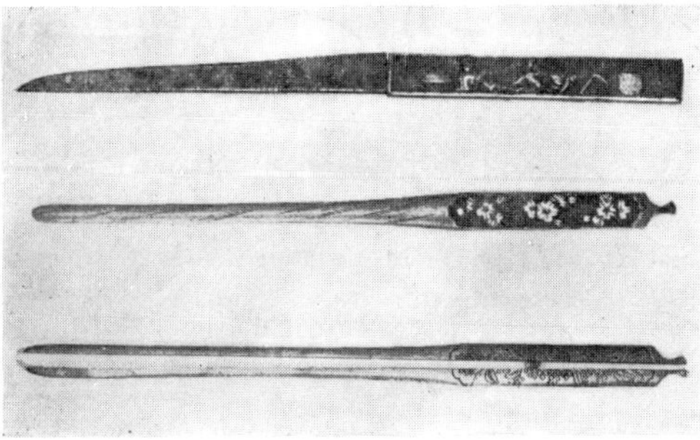

Foto 11. Oben: kozuka (Beimesser)
Mitte: kogai (Schwertnadel)
Unten: wari-bashi (Eßstäbchen)

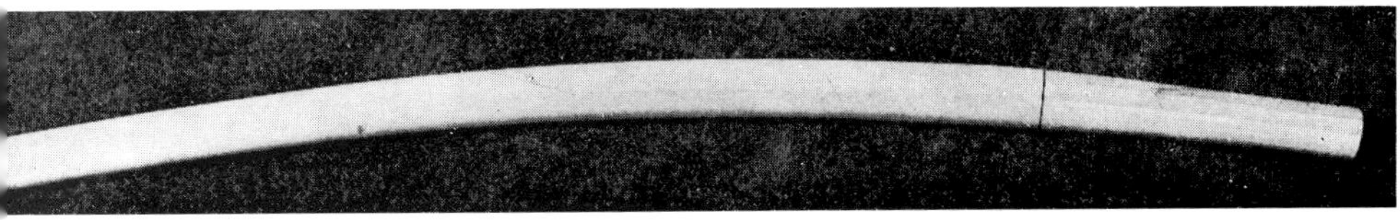

Foto 12. Shira-saya (einfache Holzscheide)

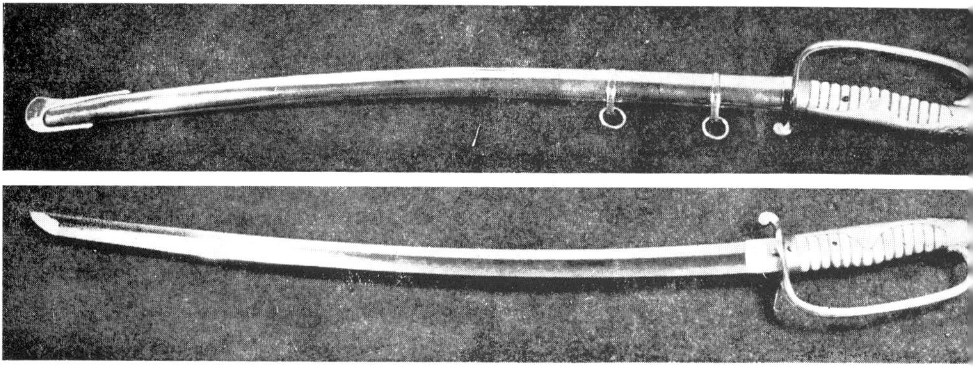

Foto 13. Kyû-guntô (altes Militärschwert). Es handelt sich bei dieser Waffe um ein echtes Samuraischwert.
Oben: Schwert mit Scheide
Unten: ohne Scheide.
Beachten Sie die unregelmäßige Härtelinie an der Klinge.

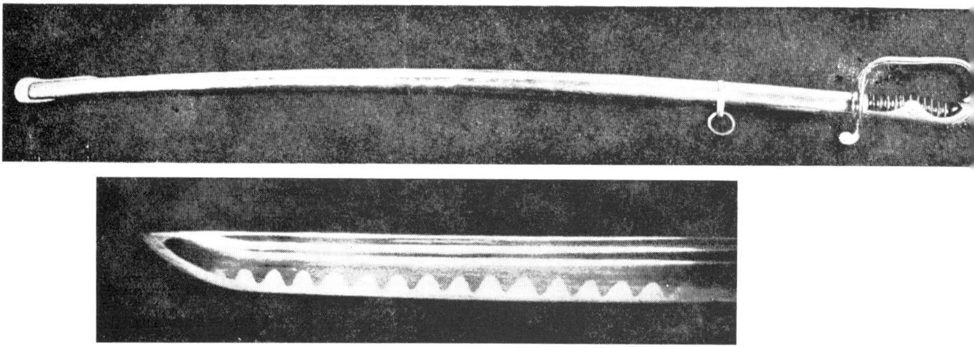

Foto 14. Polizei- oder Paradesäbel
Oben: mit Scheide – Unten: Nahansicht der Klinge.
Beachten Sie das symmetrische Härtemuster.

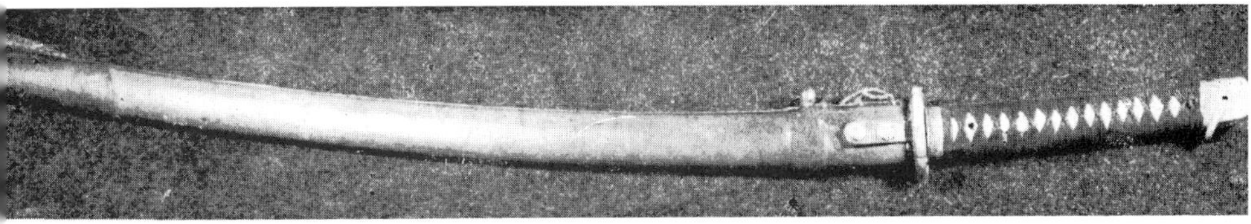

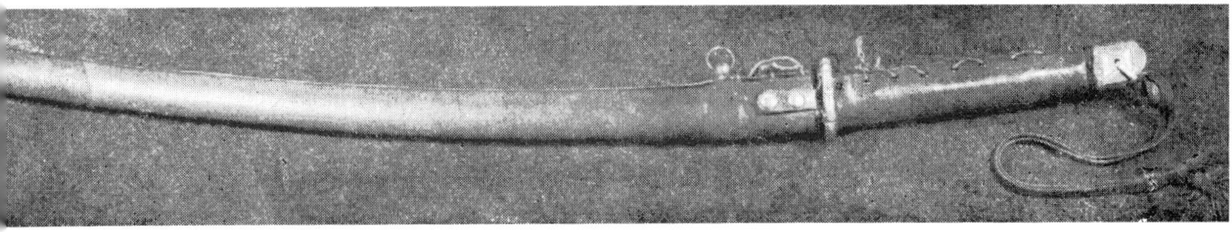

Foto 15. Shin-gunto (modernes Militärschwert). Oben: Scheide mit Leder bezogen, der Griff ist mit Band umwickelt. – Unten: Griff und Scheide der Waffe sind mit Leder bezogen.

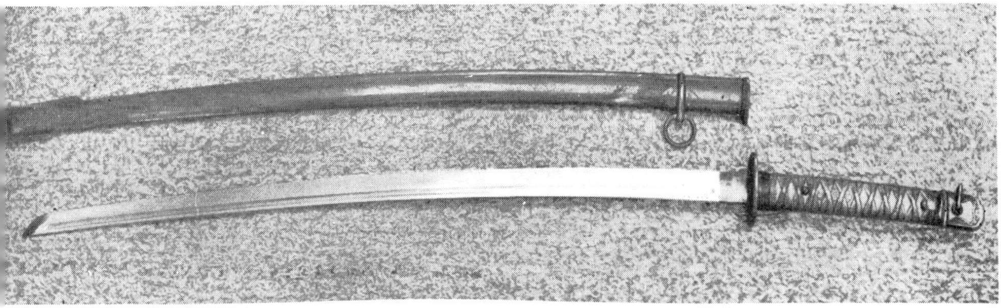

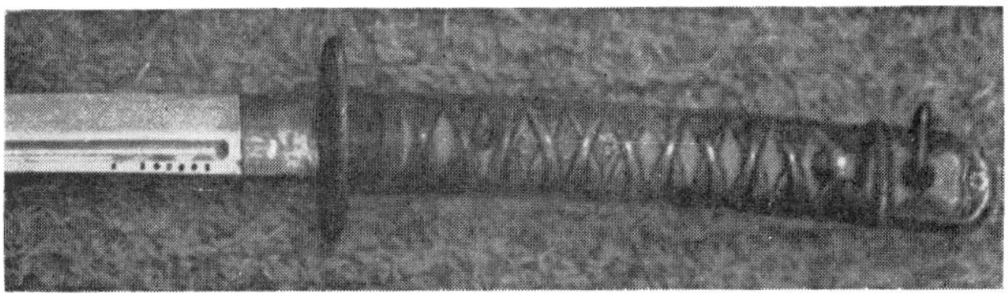

Foto 16. Ein shin-gunto (modernes Militär- bzw. Armeeschwert) aus einem Regierungsauftrag. Deutlich sichtbar ist die Beschriftung der Klinge mit arabischen Zahlen.

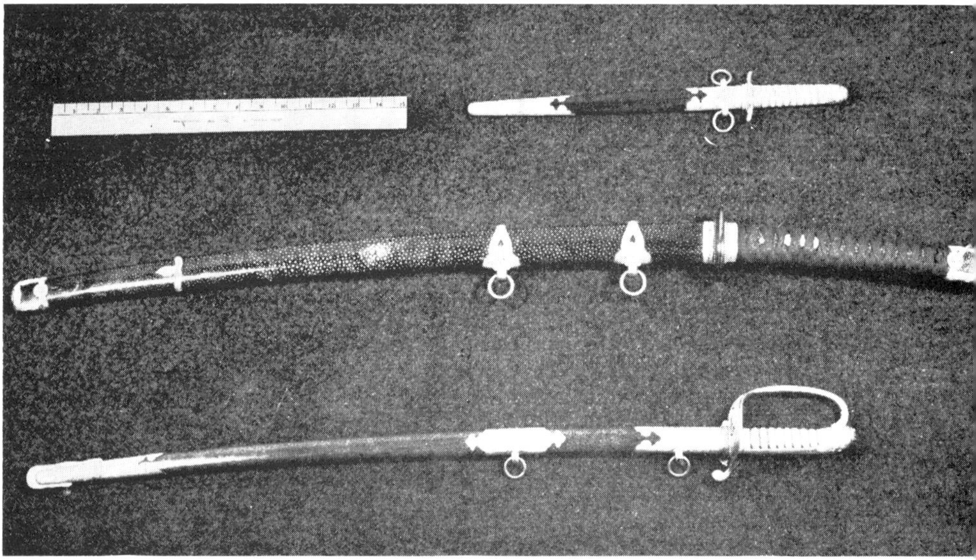

Foto 17. Kaigunto (Marineschwerter).
Oben: Kurzschwert oder Dolch – Mitte: Langschwert. Beachten Sie die starke Ähnlichkeit dieser Montierung mit den Montierungen jindachi-zukuri und shin-gunto. Die Scheide ist schwarz – Unten: Langschwert. Beachten Sie die Ähnlichkeit dieser Waffe mit den Polizeisäbeln.

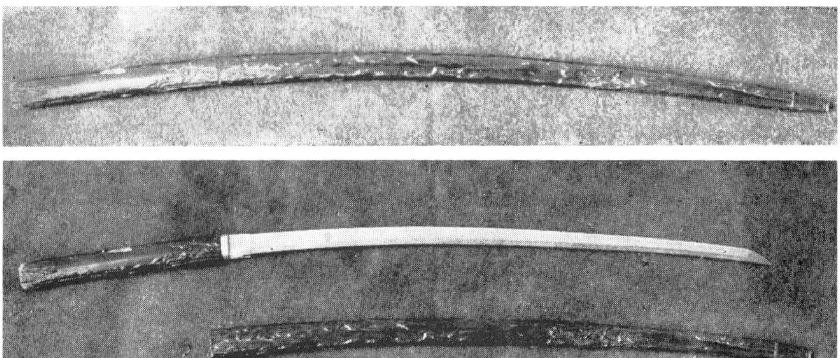

Foto 18. Shikomi-zue (Schwert in Stockmontierung)

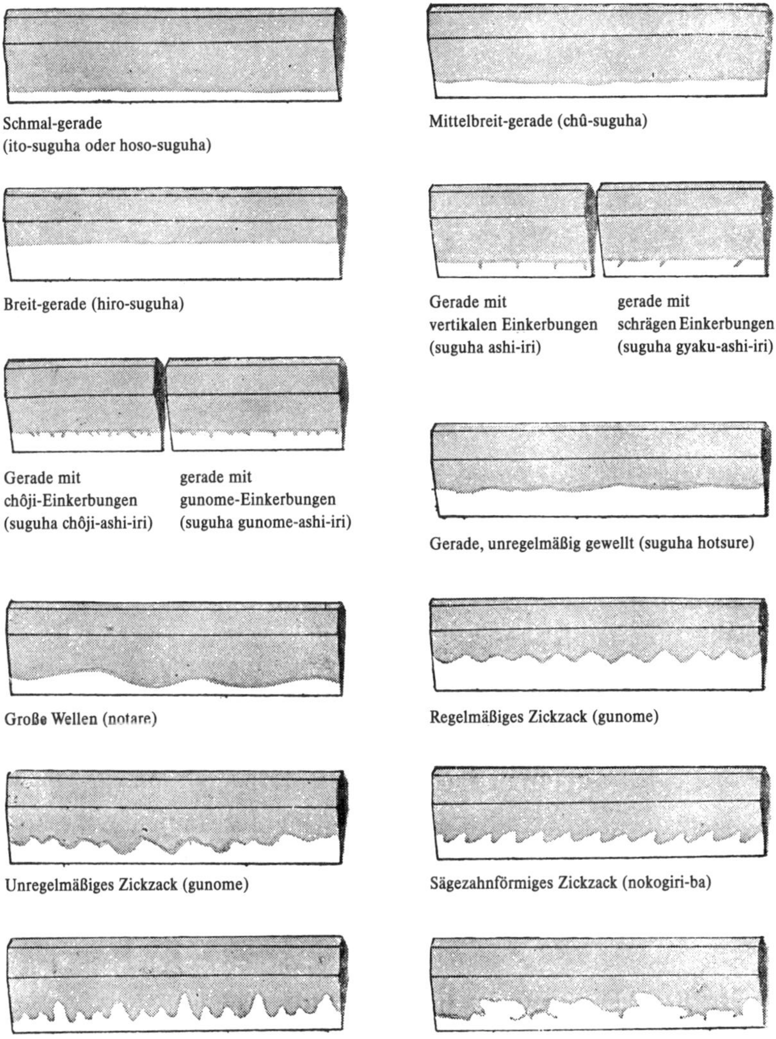

Abb. 19. Muster der Härtelinien

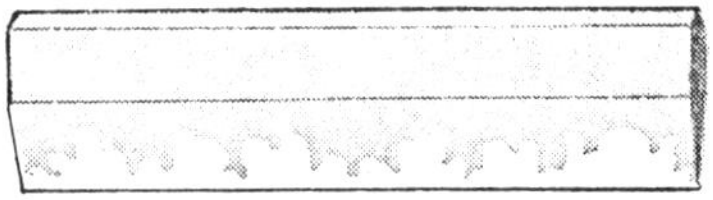

Blüten des Gewürznelkenbaumes, pilzförmig (chôji)

Doppelte Nelkenbaumblüte (jûka chôji)

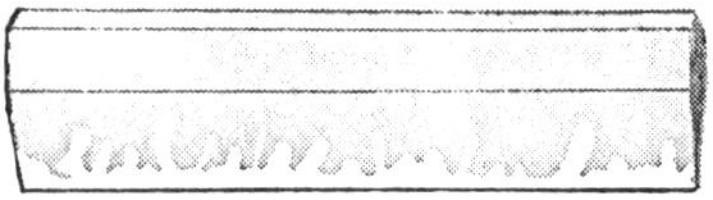

Froschförmige Nelkenbaumblüten (kawazu chôji)

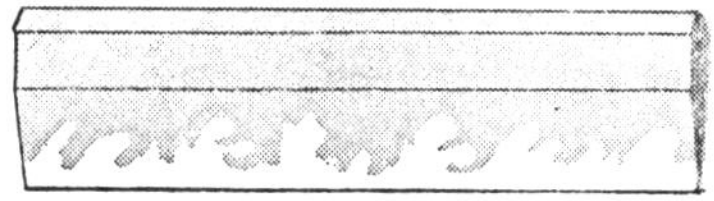

Schräges chôji (gyaku chôji)

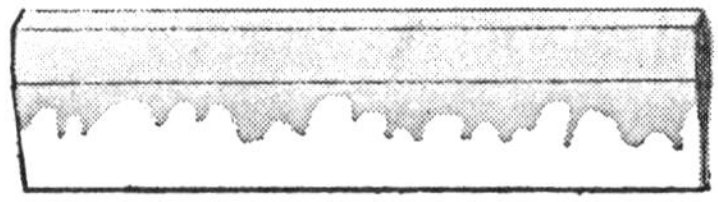

Großes chôji (ô-chôji)

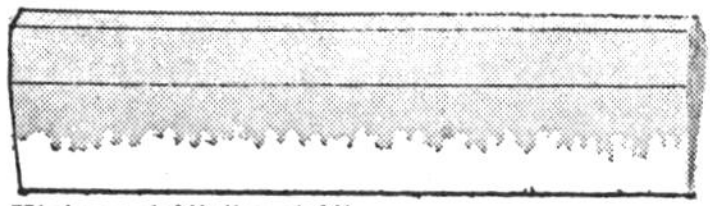

Kleines chôji (ko-chôji

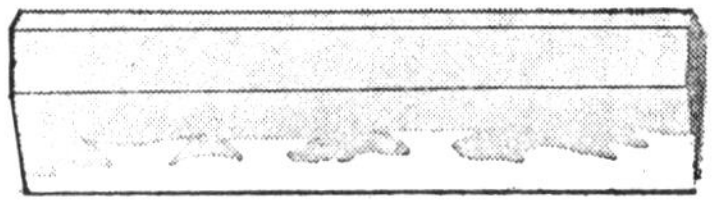

Schwalbenschwanz (yahazu)

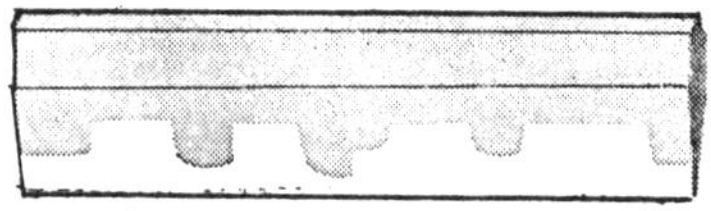

Kastenförmig (hako-midare)

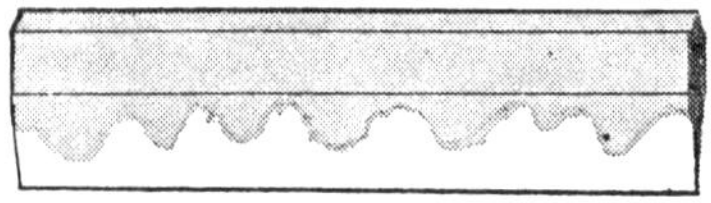

Aufgebläht (dôran)

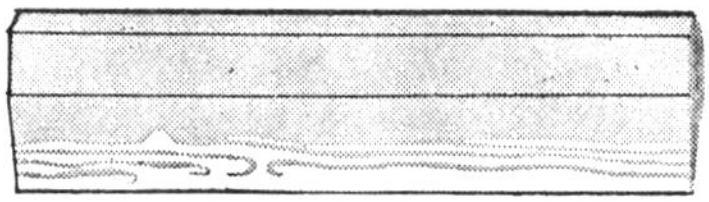

Bambusstreifenvorhang (sudare-ba)

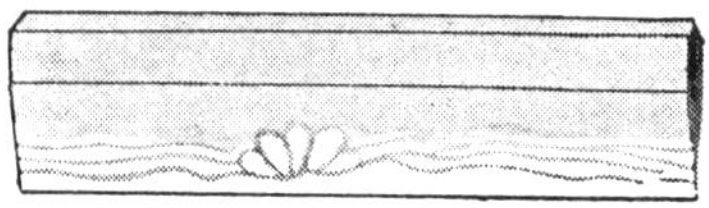

Chrysantheme und Fluß (kiku-sui)

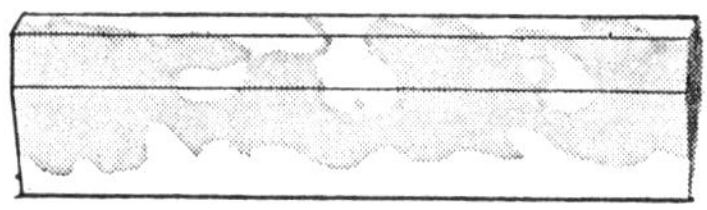

Voll (hitatsura)

Zur Beschreibung der Muster von wellenförmigen Härtelinien wird ausserdem noch der Begriff o-midare (aufgewühlte See) verwendet. Die nachfolgenden Begriffe beschreiben einige der häufiger vorkommenden Härtelinien (Abb. 19). Muster, die mit einem Stern (*) gekennzeichnet sind, finden sich nur an Klingen aus der Neuen Schwertperiode:

1) Ito-sugaha oder hoso-sugaha (schmal-gerade)
2) Chu-suguha (mittelbreit-gerade)
3) Hiro-suguha* (breit-gerade)
4) Suguha ashi-iri (gerade mit vertikalen Einkerbungen)
5) Suguha gyaku-ashi-iri (gerade mit schrägen Einkerbungen)
6) Suguha chôji-ashi-iri (gerade mit chôji-Einkerbungen)
7) Suguha gunome-ashi-iri (gerade mit gunome-Einkerbungen)
8) Suguha hotsure (gerade, unregelmäßig gewellt)
9) Notare (große Wellen)
10) Gunome (regelmäßiges Zickzack)
11) Gunome (unregelmäßiges Zickzack)
12) Nokogiri-ba (sägezahnförmiges Zickzack)
13) Sanbon-sugi (Drei-Zedern-Zickzack)
14) Mimi-gata (ohrenförmig)
15) Chôji (Blüten des Gewürznelkenbaumes, pilzförmig)
16) Juka-chôji (doppelte Nelkenbaumblüte)
17) Kawazu-chôji (froschförmige Nelkenbaumblüten)
18) Gyaku-chôji (schräges chôji)
19) O-chôji (großes chôji)
20) Ko-chôji (kleines chôji)
21) Yahazu (Schwalbenschwanz)
22) Hako-midare (kastenförmig)
23) Doran* (aufgebläht)
24) Sudare-ba* (Bambusstreifenvorhang)
25) Kiku-sui* (Chrysantheme und Fluß)
26) Hitatsura (voll)

Die während der verschiedenen Zeitabschnitte und an verschiedenen Orten lebenden Schmiede brachten diese Härtelinien in einer großen Zahl von Kombinationen an. Keines dieser gezeigten Muster kann ausschließlich einer bestimmten Schule zugeordnet werden. Das gilt besonders für die Muster, die von den Schmieden während der Edo-Periode verwendet wurden. In der Übersicht I sehen Sie ungefähr, welche Schmiede der verschiedenen Schulen in den einzelnen Provinzen zu welcher Zeit welche Härtelinienmuster angebracht haben.

7. Klingenrücken (Mune)

Der Klingenrücken kommt in fünf verschiedenen Ausführungen vor *(Abb. 20)*. Die beiden häufigsten Versionen sind die Ausführungen (1) und (2), die auch als ihori-mune oder gyo-no-mune bezeichnet werden.
1) Stumpfwinkliger Rücken (mune-hikushi).
2) Spitzwinkliger Rücken (mune-takashi).
3) Rücken mit Doppelgrat (mitsu-mune oder shin-no-mune).
4) Rundrücken (maru-mune oder so-no-mune).
5) Flacher Rücken (hira-mune oder kaku-mune).

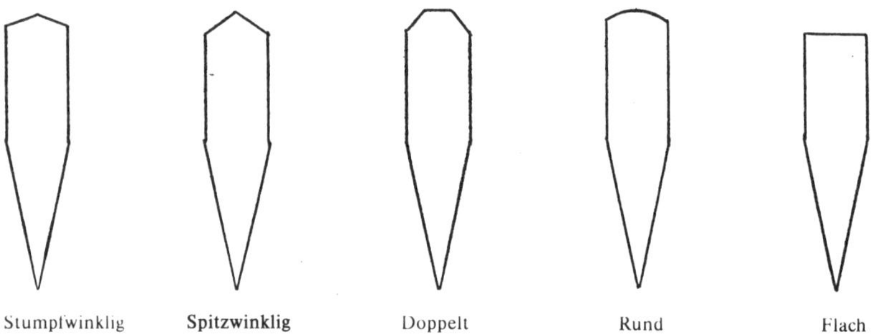

Abb. 20. Die verschiedenen Varianten der Klingenrückenausführung

8. Klingenkrümmung (Sori)

Die Krümmung einer Schwertklinge wird am Klingenrücken gemessen. Es wird ganz grob zwischen starker und geringer Krümmung unterschieden. Bei den meisten Schwertern befindet sich der Mittelpunkt der Krümmung in der Klingenmitte. Dieser Punkt ist als torii *(Abb. 21)* bekannt.

Übersicht I

Anwendung der Härtelinienmuster in den einzelnen Schmiedschulen und Provinzen, nach Zeitabschnitten geordnet. Die Nummern in Spalte 1 beziehen sich auf die Muster in Abb. 19.

<table>
<tr><th rowspan="2">Muster</th><th rowspan="2">Nie
Nioi</th><th colspan="6">Perioden mit entsprechenden Schulen und Provinzen</th></tr>
<tr><th>Kamakura und vorher</th><th>Yoshino-Periode</th><th>Muromachi-Periode</th><th>Momoyama-Periode</th><th>Frühe Edo-Periode</th><th>Späte Edo-Periode</th></tr>
<tr><td rowspan="3">1-5, 8</td><td rowspan="2">Nie</td><td colspan="2">Yamashiro Yamato
Bizen Bitchû Hizen</td><td rowspan="2">Yamashiro
Yamato
Mino</td><td colspan="2">Saga Yamato Mino</td><td rowspan="2">Verschiedene</td></tr>
<tr><td>Hôki</td><td></td><td></td><td>Osaka</td></tr>
<tr><td>Nioi</td><td>Bitchû
Bizen</td><td>Bitchû
Bingo</td><td>Mino
Bingo</td><td colspan="2">keine</td><td>Verschiedene</td></tr>
<tr><td rowspan="2">6, 15-20</td><td>Nie</td><td>Yamashiro</td><td>Tajima</td><td>Keine</td><td>Saga</td><td>Saga</td><td>Verschiedene</td></tr>
<tr><td>Nioi</td><td>Bitchû
Bizen</td><td>Bitchû</td><td colspan="2">keine</td><td>Sekido
Osaka</td><td>Verschiedene</td></tr>
<tr><td rowspan="2">7, 10-13</td><td>Nie</td><td colspan="2">Etchû Mino und andere</td><td colspan="4">Verschiedene</td></tr>
<tr><td>Nioi</td><td colspan="2">Bizen</td><td>Mino
Bizen</td><td>Mino und andere</td><td>Mino Bungo und andere</td><td>Verschiedene</td></tr>
<tr><td rowspan="2">9</td><td>Nie</td><td>keine</td><td>Yamashiro
Sagami</td><td>Mino
Ise</td><td colspan="2">Kyoto Edo Osaka
Fukui Saga Mino</td><td>Verschiedene</td></tr>
<tr><td>Nioi</td><td>keine</td><td>Bizen</td><td>Bizen
Mino Ise</td><td>Mino</td><td colspan="2">keine</td></tr>
<tr><td rowspan="2">O-Midare</td><td>Nie</td><td>keine</td><td>Etchû
Sagami
Chikuzen
Yamashiro</td><td>Sagami</td><td>Kyoto
Edo</td><td>Satsuma</td><td>Satsuma und andere</td></tr>
<tr><td>Nioi</td><td colspan="2">keine</td><td>Sagami</td><td colspan="3">keine</td></tr>
<tr><td rowspan="2">26</td><td>Nie</td><td colspan="2">Yamashiro Sagami
Etchû</td><td>Sagami</td><td colspan="2">keine</td><td>Verschiedene</td></tr>
<tr><td>Nioi</td><td colspan="2">keine</td><td>Sagami
Mino</td><td>Kyoto
Fukui</td><td colspan="2">keine</td></tr>
<tr><td rowspan="2">22-25</td><td>Nie</td><td colspan="3">keine</td><td>Kyoto</td><td>Osaka</td><td>Edo</td></tr>
<tr><td>Nioi</td><td colspan="4">keine</td><td>Osaka</td><td>keine</td></tr>
</table>

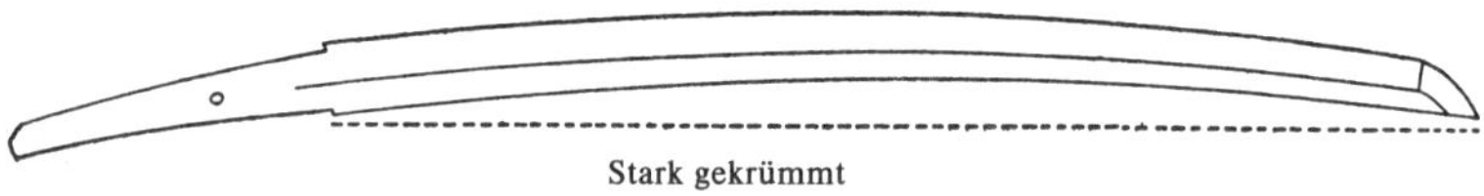

Stark gekrümmt

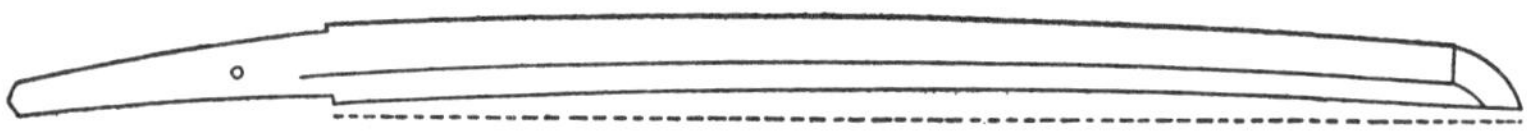

Gering gekrümmt

Abb. 21. Klingenkrümmung, torii

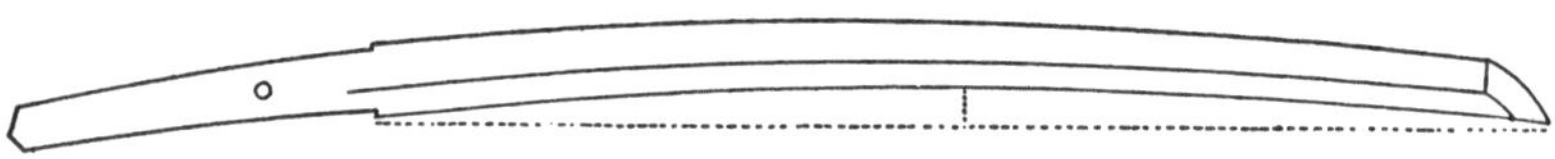

Gering gekrümmt

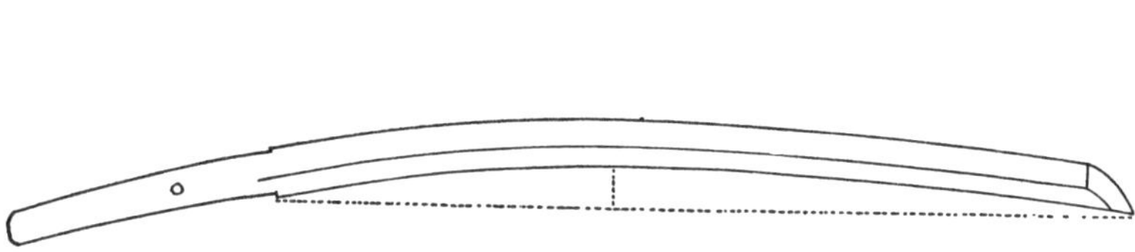

Stark gekrümmt

Abb. 22. Klingenkrümmung, koshi-zori oder Bizen-zori

Die Schmiede der alten Schule von Bizen dagegen hatten sich auf die Herstellung von Klingen spezialisiert, bei denen der Krümmungsmittelpunkt viel näher zum Griff lag *(Abb. 22)*. Diese Art der Klingenkrümmung ist unter den Namen koshi-zori oder Bizen-zori bekannt.

9. Angel (Nakago)

Die Angel ist der Teil der Klinge, an dem der Griff angebracht wird. Angeln sind bei der Begutachtung von Schwertern ein sehr wichtiger Teil, da sich auf ihnen oft Angaben über ihren Schmied und Hinweise auf die Fertigungstechnik der Klinge befinden. Innerhalb der jeweiligen Schmiedeschulen wurden die Angeln üblicherweise immer in der gleichen Form ausgeführt.

a. Formen der Angeln *(Abb. 23):*

1) Fasanenschwanz (kiji-momo). Angeln in dieser Form finden sich nur an Schwertern, die während der Heian- und Kamakura-Perioden (794 bis 1335) hergestellt worden sind.
2) Kimonoärmel (furi-sode). Schwerter, hauptsächlich solche mit kürzeren Klingen, die während der Kamakura- und Yoshino-Perioden (1192 bis 1383) entstanden sind, haben oftmals Angeln in dieser Form.
3) Schiffsboden (funa-gata). Angeln in dieser Form finden sich oft an Schwertern, die aus den Werkstätten der Schmiede der Soshu-Schule stammen.
4) Fischbauch (tanago-bara). Diese Angelform findet sich hauptsächlich an Schwertern aus der Alten Schwertperiode (900 bis 1530). Die folgenden Schmiede stellten oft Klingen mit Angeln in der vorgenannten Form her: viele Schmiede aus der Provinz Sagami (Soshu); Schmiede aus der Heian-jo-Schule aus der Provinz Yamashiro; Muramasa und andere aus der Provinz Ise; Chikashige (Shimobara) aus der Provinz Musashi.

b. Formen der Angelspitzen *(Abb. 24):*

1) Doppelte Schrägkante (kuri-jiri oder hira-yamagata). Diese Form ähnelt einer Kastanie (kuri), sie findet sich sehr häufig an Schwertern aus allen Perioden. Wenn die U-Form etwas stärker ausgeprägt ist, dann wird diese Angelspitzenform auch als taka-yamagata oder fuka-kuri-jiri bezeichnet.

2) Ungleichmäßige U-Form (ha-agari kuri-jiri). Der Kurvenmittelpunkt liegt hier näher zur Rückseite der Angel.
3) Einfache Schrägkante (kata-yamagata). Diese Angelspitzenform wird auch iri-yamagata genannt.
4) V-förmig (kengyô). Diese Angelspitzenform war während der Neuen Schwertperiode (1531 bis 1865) sehr beliebt. Allerdings wurde sie auch schon während der Alten Schwertperiode (Koto) von Masamune und Sadamune in der Provinz Sagami; von Moritaka in der Provinz Chikuzen und von einigen Schmieden in den Provinzen Yamashiro und Kaga angewendet.
5) Eckig (kiri oder kaku-ichi-monji). Diese Form war an den bei den Schmieden der Hosho-Unterabteilung in der Provinz Yamato während der Kamakura-Periode (1192 bis 1335) gefertigten Schwertern sehr verbreitet. Auch an verkürzten Klingen ist sie oft zu finden.

c. Feilstriche auf der Angel (yasuri-me)

Die Feilstriche auf den Angeln von Schwertern aus der Alten Schwertperiode sind aufgrund ihres hohen Alters nicht mehr klar zu erkennen. Bei anderen Schwertern dagegen sind diese Bearbeitungsspuren deutlich zu sehen. Die jeweilige Ausführung dieses Feilstrichmusters läßt sich in die nachfolgend aufgeführten Kategorien einteilen *(Abb. 25).* Die Muster 1 bis 3 wurden in allen Fertigungsperioden häufig verwendet, während die Muster 6 bis 9 eigentlich nur an Schwertern mit Klingengrat (shinogi-zukuri) vorkommen:

1) Horizontale Feilstriche (kiri, yoko, oder ichi-monji)
2) Leicht von links nach rechts geneigt (kosuji-chigai oder katte-sagari)
3) Von links nach rechts geneigt (suji-chigai)
4) Stark von links nach rechts geneigt (ô-suji-chigai). Dieses Feilstrichmuster wurde hauptsächlich von den Schmieden der Zweigschule Aoe in der Provinz Bitchu und Sa in der Provinz Chikuzen verwendet.
5) Von rechts nach links geneigt (katte-agari)
6) Horizontal mit von links nach rechts geneigtem Oberbereich (kiri-suji-chigai oder shinogi suji-chigai)

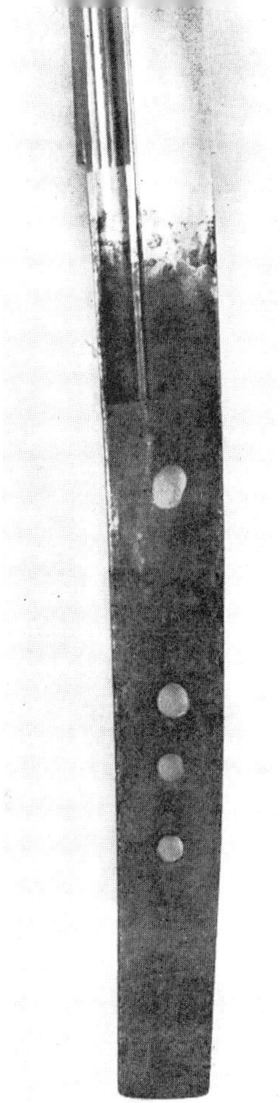

Foto 19. Schwertangel mit insgesamt vier Dübellöchern.

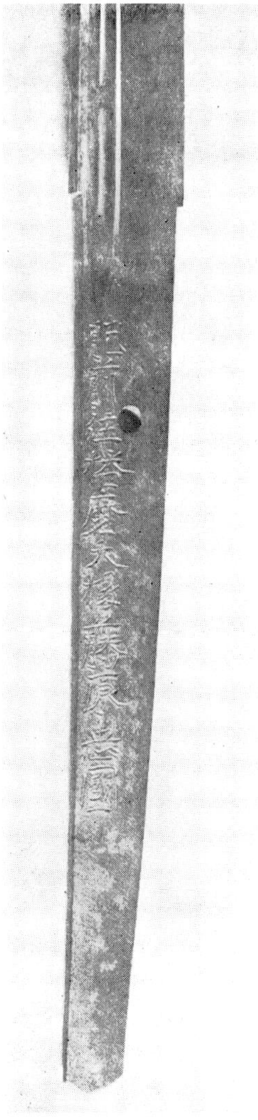

Foto 20. Eine mit elf Schriftzeichen beschriftete Schwertangel. Die ersten drei Zeichen werden als „Hizen-ju" gelesen, was „Bewohner der Provinz Hizen" bedeutet. Die nächsten vier Zeichen liest man als „Harima Daijo", was „Daijo (ein Titel) der Provinz Harima" bedeutet. Die letzten vier Zeichen schließlich stehen für den Namen des Schmiedes, Fujiwara Tadakuni.

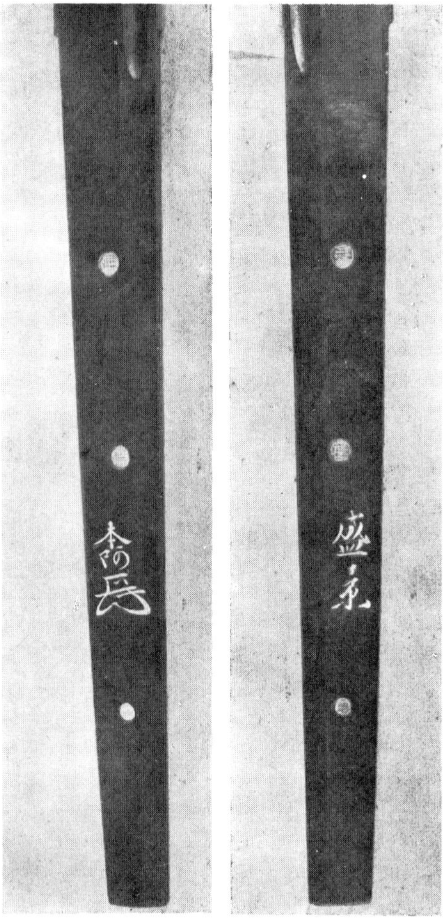

Foto 21. Klinge, deren ursprüngliche Angel durch eine Verkürzung verloren gegangen ist. Sie wurde durch ein Mitglied der berühmten Schwertgutachterfamilie Honnami identifiziert. Die Abbildung links zeigt das offizielle Markenzeichen der Honnami in Goldschrift. Auf der anderen Angelseite ist der Name des Schwertschmiedes angegeben: Morikage aus der Provinz Bizen.

Foto 22. Auf dieser Angel steht das Ergebnis der Schneideprüfung in goldunterlegten Schriftzeichen. Oben rechts: Kan-bun yo-nen go-gatsu saku-jitsu (viertes Jahr des Kanbun, fünfter Monat, erster Tag; oder 1. Mai 1664) – Mitte: Yamano Kauemon (Schmiedename), roku-ju-shichi sai (67 Jahre alt), Nagahisa (Name des Schwertprüfers). Das unterste Schriftzeichen ist der Name des Schwertprüfers. – Oben links: mitsu-do setsudan (drei Körper mit einem Streich).

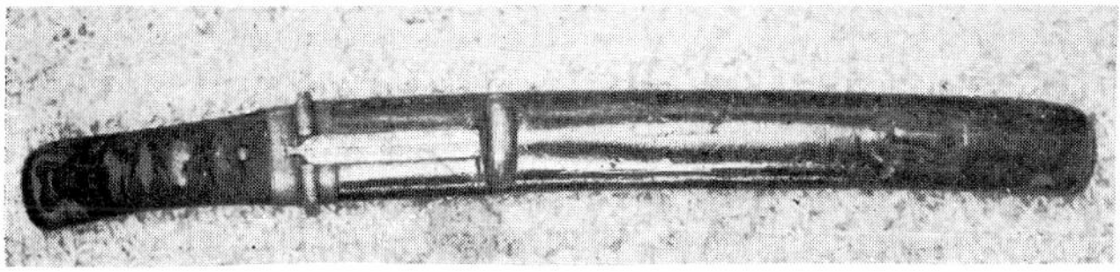

Foto 23. Tanto mit Beischeiden. Die Waffe auf der oberen Abbildung hat ein Beimesser, in der Scheide der unteren Waffe befinden sich ein Paar Eßstäbchen.

Foto 24. Perfekt gearbeitetes Paar Stichblätter aus Eisen für katana und wakizashi. Beide tsuba sind Arbeiten des Künstlers Ito Masakata aus der Provinz Musashi, der um 1750 arbeitete.

Foto 25. Stichblatt mit eingelegtem Halbrelief eines Drachens. Beachten Sie die Signatur des Künstlers links neben der Öffnung für die Klinge.

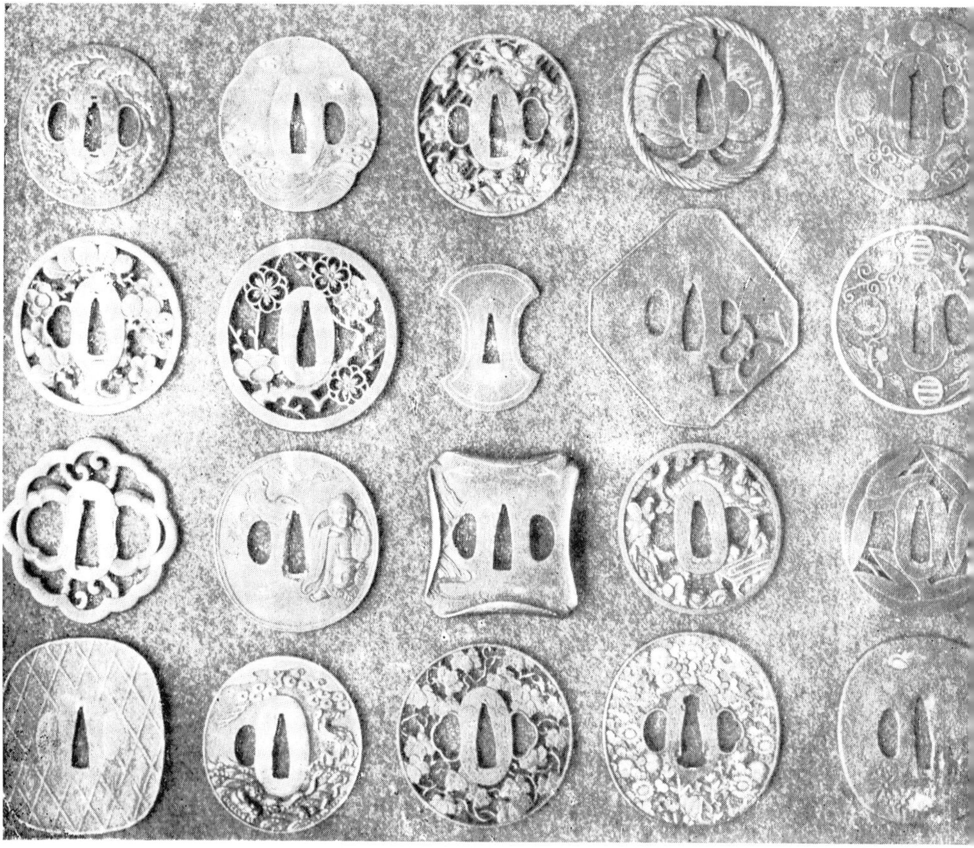

Foto 26. Eine Sammlung von Stichblättern (tsuba).

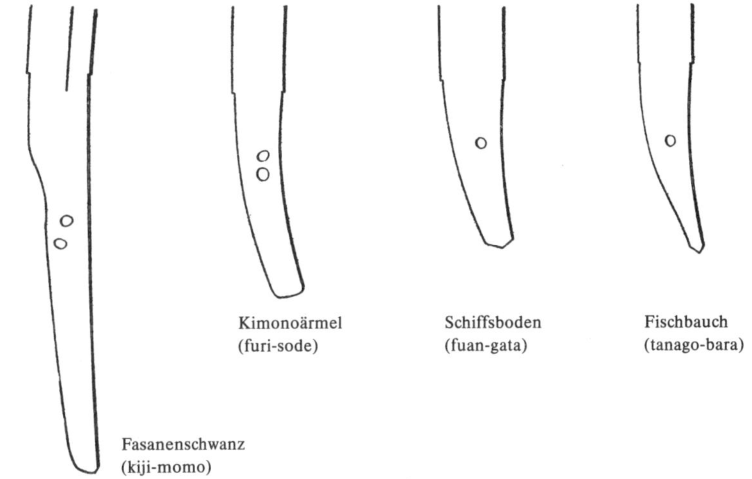

Abb. 23. Formen der Angeln

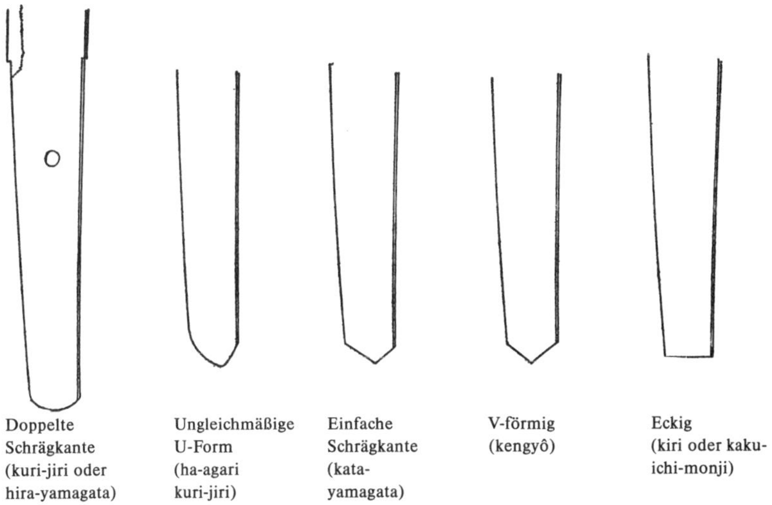

Abb. 24. Formen der Angelspitzen

7) Von links nach rechts geneigt, mit horizontalem Oberbereich (shinogi kiri-suji-chigai)
8) V-förmig (taka-no-ha). Dieses Feilstrichmuster wurde hauptsächlich von den Schmieden in den Provinzen Yamato und Mino während der Alten Schwertperiode (900 bis 1530) verwendet. Die Schmiede von Mino verwendeten es sogar noch in der Neuen Schwertperiode (1551 bis 1865).
9) Umgekehrtes V (gyaku-taka-no-ha)
10) Kreuzmuster (higaki). Schmiede in den Provinzen Yamato und Mino und von der Zweigschule Naminihira in der Provinz Satsuma verwendeten dieses Feilstrichmuster sehr häufig während der Alten Schwertperiode (900 bis 1530).
11) Voll bearbeitet (keshô-yasuri). Dieses Feilstrichmuster wurde nur von den Schmieden der Edo-Periode (1605 bis 1668) und später verwendet.
12) Abgeschliffen (sensuki). An einigen vor dem 12. Jahrhundert entstandenen Schwertern sind die Angeln abgeschliffen und nicht mit der Feile bearbeitet.

d. Dübelloch in der Angel (mekugi-ana)

Viele Schwerter haben mehr als ein Dübelloch. Die Zusatzlöcher wurden gebohrt, um eine neue Montierung anzupassen, oder sie entstanden nach einer Klingenverkürzung *(Foto 19)*. Man kann grundsätzlich davon ausgehen, daß Schwerter mit zwei oder mehr Dübellöchern alt sind. Zur Befestigung des Griffes durch das Dübelloch wird normalerweise ein Bambusdübel verwendet.

e. Beschriftung der Angel

Auf den Angeln können sich die nachfolgend aufgeführten Angaben oder Teile davon befinden (Foto 20):

1) Vorname des Schmiedes
2) Vollständiger Name des Schmiedes mit oder ohne Titel
3) Herstellungsort
4) Herstellungsdatum
5) Name des Auftraggebers

6) Name des Besitzers
7) Name des Schmiedegehilfen
8) Wappen
9) Glücksbringende Symbole oder Verse
10) Alter des Schmiedes
11) Bezeichnung des verwendeten Stahles. Schwertschmied Yasutsugu (ca. 1700) aus der Provinz Echizen gab an, daß er seine Schwerter aus indischem Importstahl herstellte.
12) Name des Schreines oder Tempels, dem das Schwert geweiht war.
13) Angaben zur Verkürzung einer Klinge, so wie Datum, Name des ursprünglichen Herstellers; Name des Schmiedes, der die Verkürzung vornahm, Ort, usw.
14) Namenszeichen des Schwertgutachters und Name des vermutlichen Herstellers in versilberten oder vergoldeten Schriftzeichen *(Foto 21).*
15) Ergebnis des Schneidetestes. Diese Tests waren einzigartig, und zwar sowohl im Hinblick auf die Ausführungsart als auch auf die Objekte, an denen sie vorgenommen wurden. Es gab eine Reihe von Spezialisten, die die Schärfe der Klingen an Helmen, Kupferplatten, Eichenstäben und Strohbündeln mit eingelegten Bambusstangen überprüften. Während der Edo-Periode wurden diese Erprobungen sogar an verurteilten Kriminellen oder Leichen vorgenommen. Die Tester führten über die Ergebnisse genau Buch. Zu den festgehaltenen Angaben gehörten der Name des Prüfers, der Name des Zeugen, das Prüfungsdatum und Angaben darüber, wie viele Körper mit einem Schwertstreich durchschlagen wurden *(Foto 22).*

Allerdings enthalten nicht alle Angeln Informationen der vorher beschriebenen Art. Auf manchen stehen Namen, die aber gefälscht sind. Man nimmt zum Beispiel heute an, daß die meisten Schwerter, auf denen der berühmte Name Masamune steht, Nachahmungen oder Fälschungen sind. Da es insgesamt über 13.000 Schwertschmiede in der Geschichte der japanischen Schwertherstellung gab, konnte es natürlich im Laufe der Zeit immer wieder zu Doppel- oder Mehrfachbelegungen eines bestimmten Namens kommen, besonders dann, wenn das Handwerk innerhalb einer Familie von einer Generation zur nächsten weitergegeben wurde oder wenn es der Meister an seinen Schüler weitergab. So gab es beispiels-

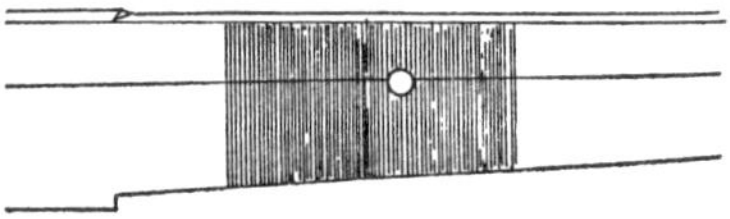

Horizontal
(kiri, yoko, oder ichi-monji)

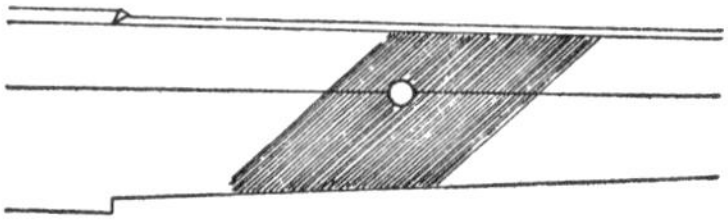

Von links nach rechts geneigt
(suji-chigai)

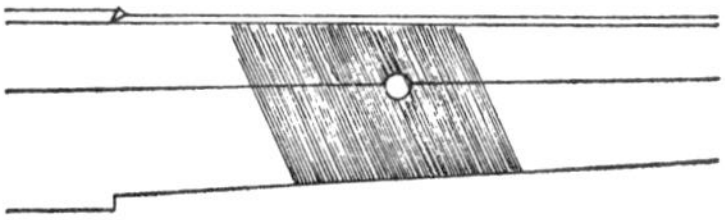

Von rechts nach links geneigt
(katte-agari)

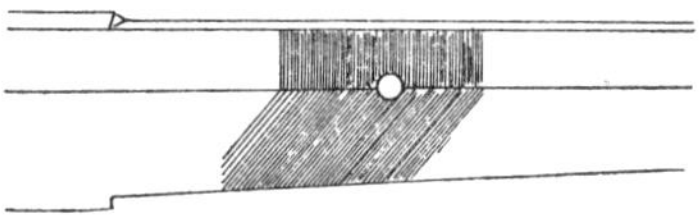

Von links nach rechts geneigt,
mit horizontalem Oberbereich
(shinogi kiri-suji-chigai)

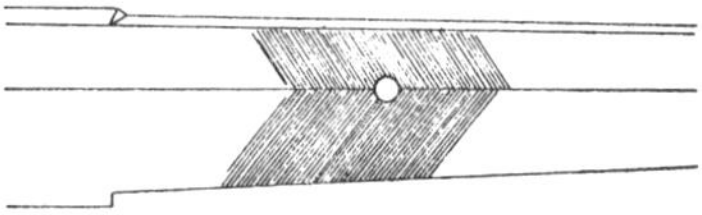

Umgekehrtes V (gyaku-taka-no-ha)

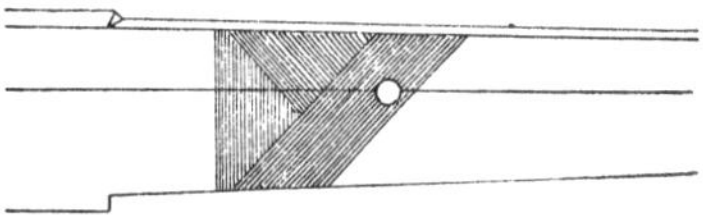

Voll bearbeitet (keshô-yasuri)

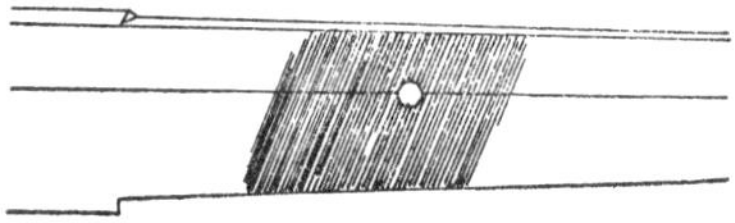

Leicht von links nach rechts geneigt
(kosuji-chigai oder katte-sagari)

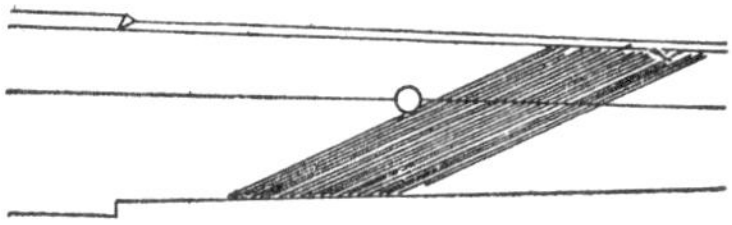

Stark von links nach rechts geneigt
(ô-suji-chigai)

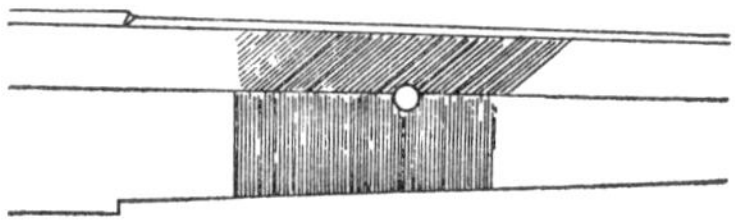

Horizontal mit von links nach rechts
geneigtem Oberbereich
(kiri-suji-chigai oder shinogi suji-chigai)

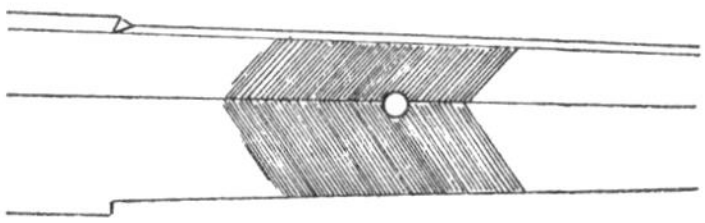

V-förmig (taka-no-ha)

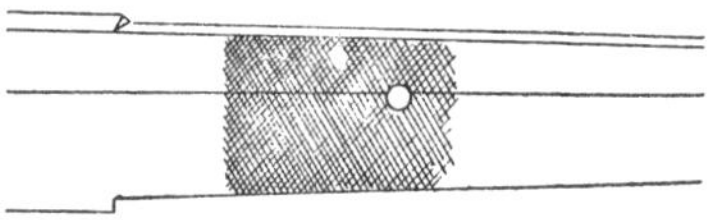

Kreuzmuster (higaki)

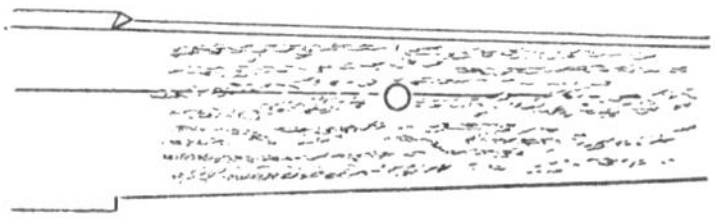

Abgeschliffen (sensuki)

Abb. 25. Feilstriche auf der Angel

weise in der Provinz Bizen siebzig recht unterschiedlich begabte Schmiede mit dem gleichen Namen Sukesada (祐定).

Das Dorf Osafune in der Provinz Bizen war wegen seiner Schwertschmiede recht gut bekannt. Eines Tages gönnte sich Kanemitsu, einer der besten Schmiede dieses Dorfes, eine kleine Pause in seiner Schmiede. Plötzlich hörte er, wie der Nachbar in seiner Schmiede recht emsig und lange Schriftzeichen mit einem Stempel auf ein Schwert einschlug. Voller Zorn sprang er auf, lief zur Nachbarschmiede, stieß die Tür auf und ergriff die Schwertklinge, in die der Nachbar gerade Namenszeichen einschlug. „Du schlägst ja meinen Namen auf dieses Schwert ein", schrie Kanemitsu seinen Nachbarn an. Der andere Schmied mußte seine Missetat zugeben und entschuldigte sich. „Woher hast Du das gewußt?" fragte der Ertappte. „Hast Du mich beobachtet?"
„Nein," erwiderte darauf Kanemitsu, „aber ich habe Dir zugehört. Du hast viel öfter mit dem Stempel zugeschlagen, als es bei Deinem eigenen Namen notwendig gewesen wäre".
(Überliefert von den Schmieden aus der Provinz Bizen).

An dieser Geschichte zeigt sich, daß Fälschungen nicht unbedingt erst lange Zeit nach dem Original entstehen müssen. So verwendeten bestimmte Schmiede häufig die Namen von Bekannten; Lehrlinge benutzten gern den Namen ihres Meisters; und Söhne schlugen oft den Namen ihres Vaters auf die Angel ein.

Die Montierungen

Zu den Montierungen gehören mit Ausnahme der Klinge alle anderen Teile des Schwertes sowie das Zubehör *(Abb. 26 und 27)*. Die Montierungen werden in die folgenden Gruppen eingeteilt:

Abb. 26. Die Montierungen

1. Scheide (Saya)

Die Scheide ist aus Holz gefertigt, und zwar meistens aus dem Holz des Magnolienbaumes (hoonoki). Hauptaufgabe der Scheide ist der Schutz der Klinge. Sie ist normalerweise lackiert oder mit Einlegearbeiten versehen. An einigen Scheiden befinden sich zwischen Scheidenmund und Ösenknopf sogenannte Beischeiden *(Foto 23)* zur Aufnahme von Beimesser (kozuka), Schwertnadel (kogai) oder Eßstäbchen (wari-bashi).

2. Stichblatt (Tsuba)

Das Stichblatt schützt die Schwerthand. Es besteht aus Eisen, Kupfer, Silber oder anderen Metallen; es kann sogar aus lackiertem Holz bestehen. Es gibt viele Liebhaber, die nur Stichblätter sammeln, weil sie kunsthandwerklich wunderschön ausgeführt sind *(Fotos 24, 25, 26)*. Es gibt sogar eine ganze Reihe von Büchern, die nur diese Stichblätter zum Thema haben. Die Stichblätter sind üblicherweise auf beiden Seiten mit einem Dekor versehen. Allerdings hat die Front- oder Vorderseite das umfangreichere Dekor, und auf dieser Seite befindet sich auch die Signatur des

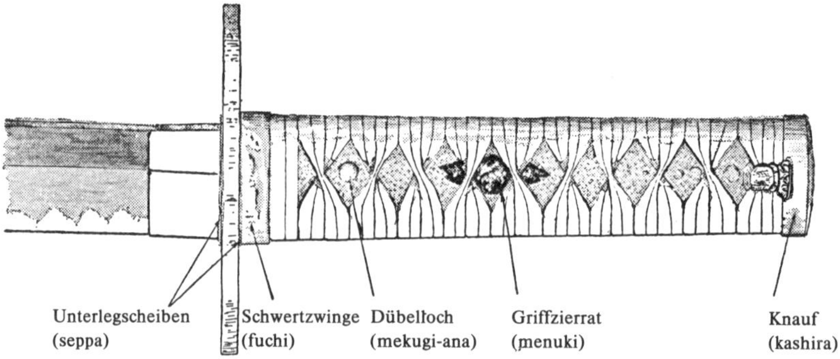

Abb. 27. Griff und Klingenwurzel

Künstlers. Die Rückseite ist schlichter gehalten. Wenn die Montierungen an das Schwert angebracht werden, dann ist darauf zu achten, daß die Vorderseite des Stichblattes zum Griff hin zeigt. Meist hat das Stichblatt neben dem keilförmigen Durchbruch für die Klinge noch seitliche Öffnungen zum Durchstecken des Beimessers oder der Schwertnadel. Die Öffnung für das Beimesser befindet sich dabei grundsätzlich links von der Klingenöffnung, wenn man das Stichblatt von oben betrachtet und die Spitze der Klingenöffnung nach oben zeigt. Manchmal findet man Stichblätter, bei denen die zusätzlichen Öffnungen nach der Fertigung fachmännisch wieder verschlossen worden sind *(Foto 27).*

3. Griff (Tsuka)

Die Angel der Klinge wird beim montierten Schwert vom Griff umschlossen. Der Griff besteht aus Holz, hat an beiden Enden einen Knauf, ist mit Rochenhaut (same) bezogen und mit Band umwickelt (Foto 28 und Abb. 27). Für das Umbinden des Griffes werden verschiedene Bandsorten verwendet. Sie können aus Seide, Leder oder Baumwolle bestehen und entweder breit oder schmal oder paarweise gebunden sein. Auch bei der Bindetechnik gibt es eine ganze Reihe von Varianten. Bei einigen Schwerttypen in der Montierung jindachi-zukuri oder bei Dolchen (tantô) ist der Griff nicht mit Band umwickelt, die Zierrate sind hier aufgesteckt (hari-menuki oder uki-menuki).

4. Klingenzwinge (Habaki)

Damit die Klinge nicht in der Scheide klappert, steckt sie in einer keilförmigen Manschette. Wenn diese Klingenzwinge sorgfältig gearbeitet ist, dann hält sie die Klinge sicher in der Scheide, so daß sie weder klappern noch versehentlich aus der Scheide herausrutschen kann *(Foto 29).*

5. Unterlegscheibe (Seppa), *(Foto 30 und Abb. 27)*

6. Schwertzwinge (Fuchi), *(Foto 31 und Abb. 27)*

7. Dübelloch (Mekugi-Ana), *(Abb. 27)*

8. Zierrate (Menuki)

An jedem Schwertgriff ist ein Paar menuki angebracht. Einige dieser Paare haben ein identisches Design, während andere sich in ihrer künstlerischen Ausführung und Formgebung ergänzen.

9. Knauf (Kashira)

Es gibt viele Liebhaber, die sowohl kashira und fuchi als auch menuki wegen ihrer interessanten künstlerischen Ausführung sammeln. Ebenso gibt es viele Sammler von Stichblättern (tsuba), *(Foto 33).*

Foto 27. An dieser tsuba ist gut zu erkennen, wie eine zusätzliche seitliche Öffnung später mit einer Goldeinlage verschlossen worden ist. Auch die Öffnung für die Klinge ist durch Metalleinlagen der Klinge angepaßt worden.

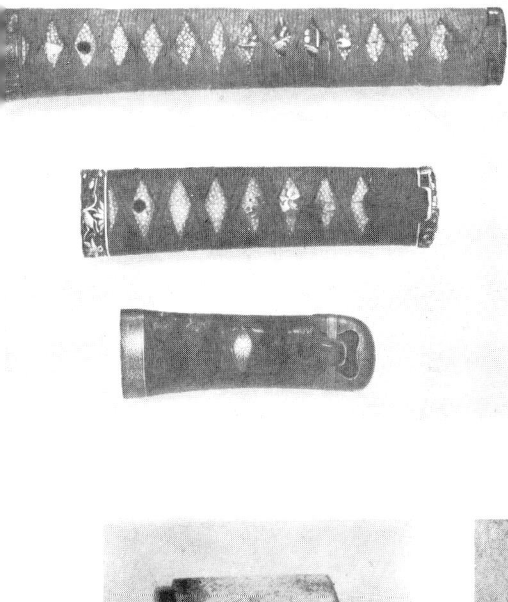

Foto 28. Schwertgriffe der Montierung buke-zukuri.
Oben: Griff für ein daito/katana
Mitte: Griff für ein wakizashi
Unten: Griff für ein tanto

Foto 29.
Habaki (Klingenzwinge)

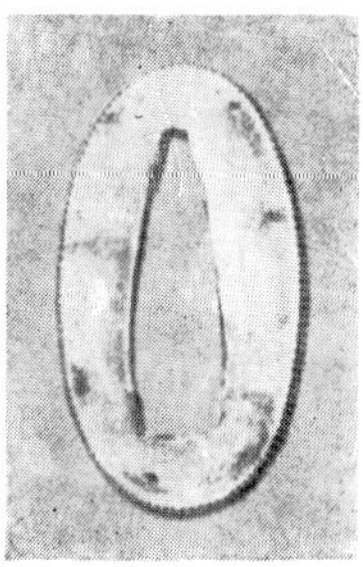

Foto 30.
Seppa (Unterlegescheibe)

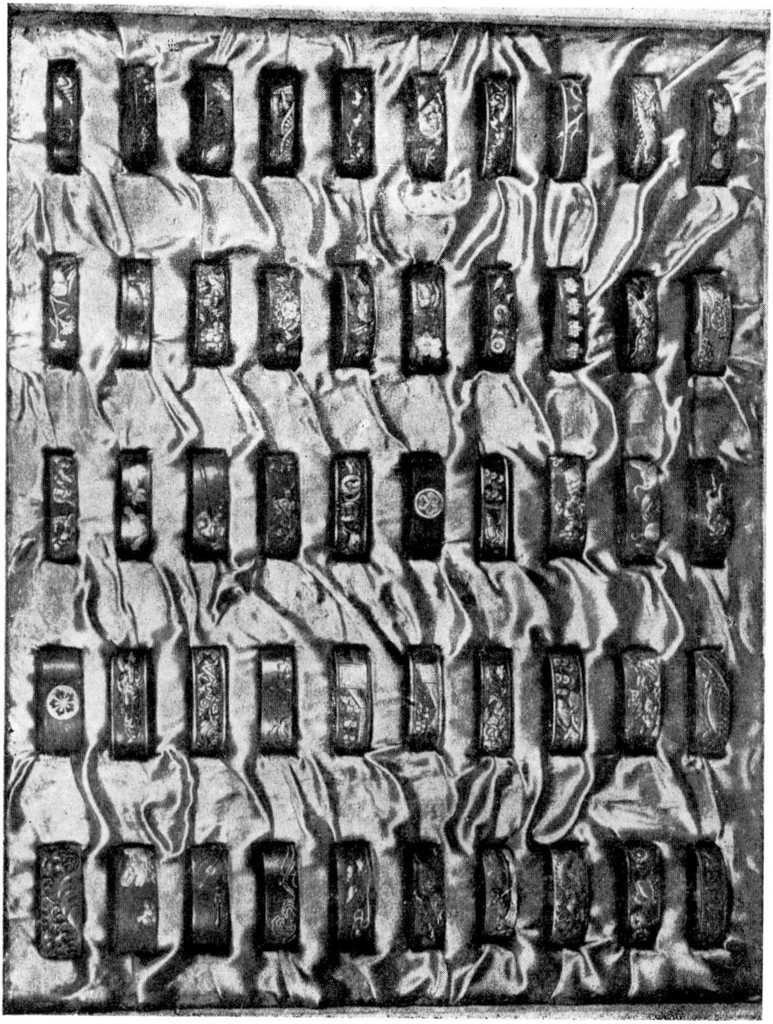

Foto 31. Eine Sammlung von Schwertzwingen (fuchi) und Griffknäufen (kashira).

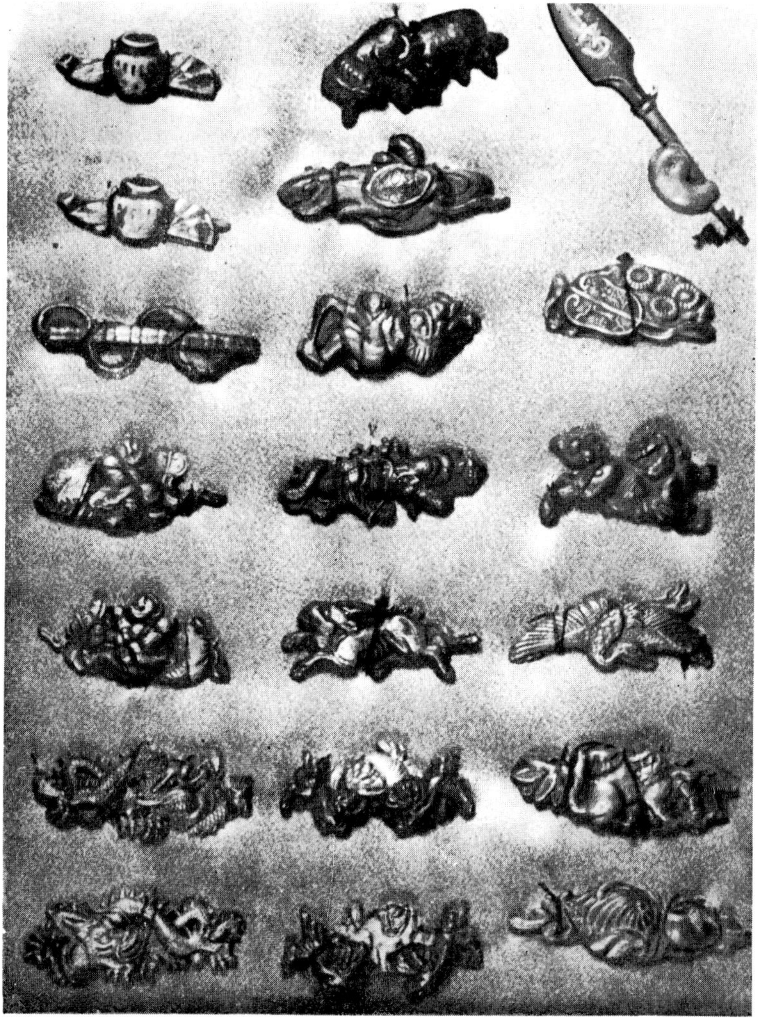

Foto 32. Eine Sammlung von Griffzierraten (menuki).

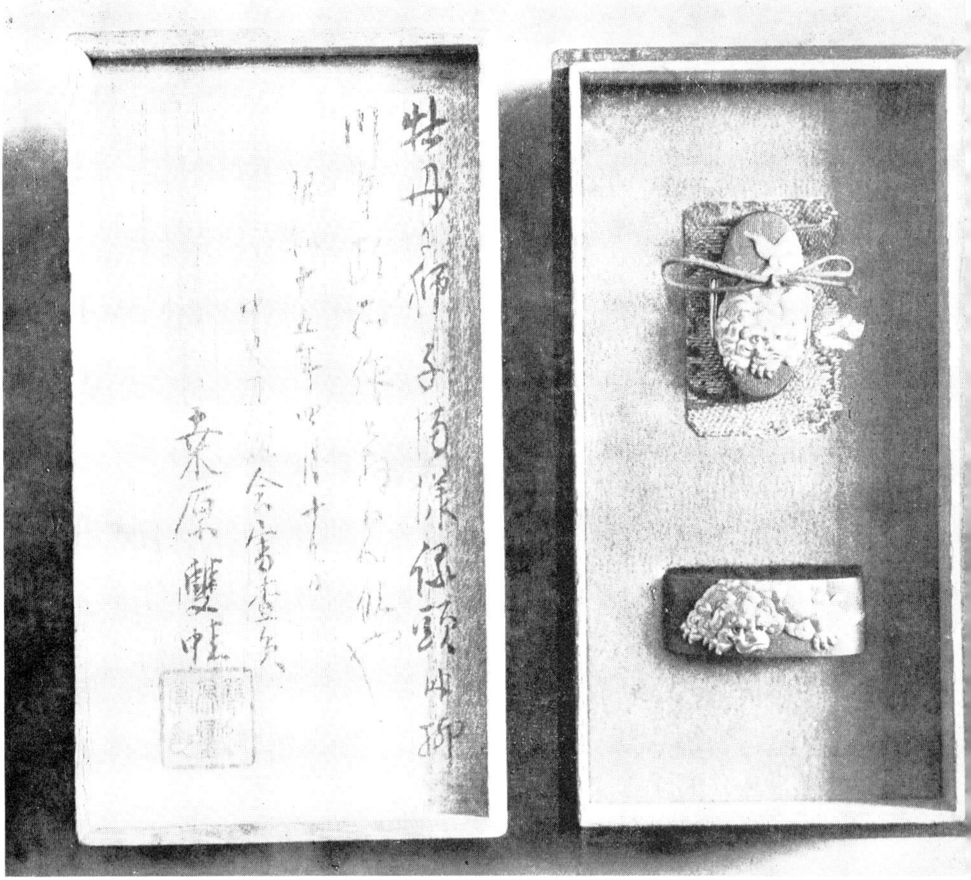

Foto 33. Schwertzwinge (fuchi) und Griffknauf (kashira), korrekt in einem Holzkasten aufbewahrt. Im Deckel befindet sich ein Gutachten von Yojiro Kuwahara, mit dem bestätigt wird, daß diese Stücke authentische Arbeiten des Meisters Naomasa Yanagawa sind.

4

Klingenform, Aufbau und Oberflächenstruktur

Die Form

der Klingen der normalerweise geführten Samuraischwerter wird in folgende Kategorien *(Abb. 28)* eingeteilt. Die Formen (1) bis (7) haben einen Grat, während die unter (8) gezeigte Form ohne Grat ausgeführt ist.

1) Shinogi-zukuri. Diese Klingenform ist die am häufigsten verwendete Ausführung für Langschwerter.
2) Kanmuri-otoshi.
3) Unokubi-zukuri. Diese Klingenform und die vorhergehende Ausführung kommen häufig an Dolchen (tanto) vor, hauptsächlich wurden sie von Schmieden der Yamato-Schule und verbundenen Schulen nach der späten Kamakura-Periode gefertigt.
4) Shobu-zukuri. Klingen dieser Art sind grundsätzlich kurz. Sie waren besonders in der Muromachi-Periode beliebt.
5) Moro-ha. Diese Klingenform findet sich an tanto, sie stammt aus der mittleren Muromachi-Periode. Gerade zweischneidige Klingen, die unter dem Namen ken bekannt sind, sind überaus selten. Eine Reihe

von tanto-Klingen in ken-Ausführung wurden aus Speerspitzen (yari) umgebaut.

6) Kata-kiri-ba. Klingen dieser Art sind grundsätzlich kurz. Besonders beliebt waren sie im späten Kamakura und in der Momoyama-Periode.
7) Kata-shinogi. Klingen dieser Art sind grundsätzlich kurz. Wirklich gute Klingen in der Ausführung kata-shinogi sind sehr selten.
8) Hira-zukuri. Diese Klingenform wurde sehr häufig für Kurzschwerter verwendet.

Samuraischwerter werden üblicherweise in zwei Kategorien eingeteilt, und zwar in die Typen hira-zukuri (ohne Grat) und shinogi-zukuri (mit Grat). In der Übersicht II sind die noch vorhandenen und bekannten Klingen dieser Typen entsprechend ihrer Längen und Entstehungsperioden aufgeführt.

Übersicht II

Noch existierende Klingen der Typen Hira-Zukuri und Shinogi-Zukuri

Herstellungszeit	Länge über 2 shaku		1 bis 2 shaku		unter 1 shaku	
	Hira-Zukuri	Shinogi-Zukuri	Hira-Zukuri	Shinogi-Zukuri	Hira-Zukuri	Shinogi-Zukuri
Heian (794 - 1191)	keine	einige	keine	keine	keine	keine
Kamakura (1192 - 1335)	keine	viele	sehr wenige	sehr wenige	viele	einige
Yoshino (1336 - 1383)	sehr wenige	viele	einige	einige	viele	einige
Muromachi (1384 - 1574)	sehr wenige	viele	einige	viele	viele	einige
Azuchi-Momoyama (1575 - 1605)	sehr wenige	viele	einige	viele	einige	einige
Edo (1606 - 1868)	sehr wenige	viele	einige	viele	einige	einige

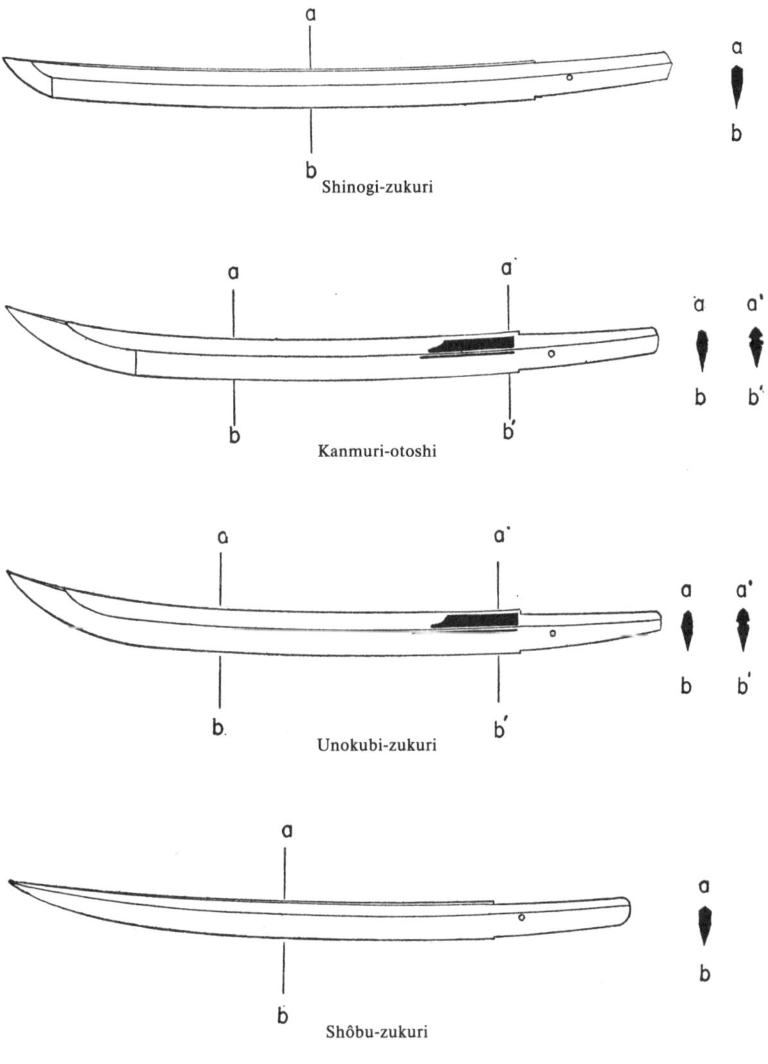

Abb. 28. Die Formen der am häufigsten vorkommenden Klingen

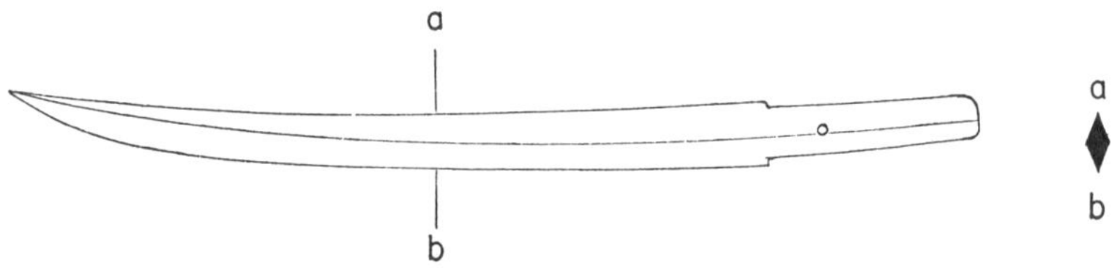

Moro-ha

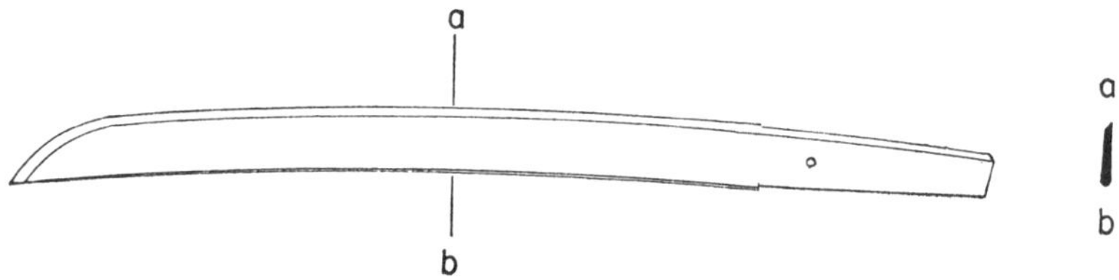

Kata-kiri-ba

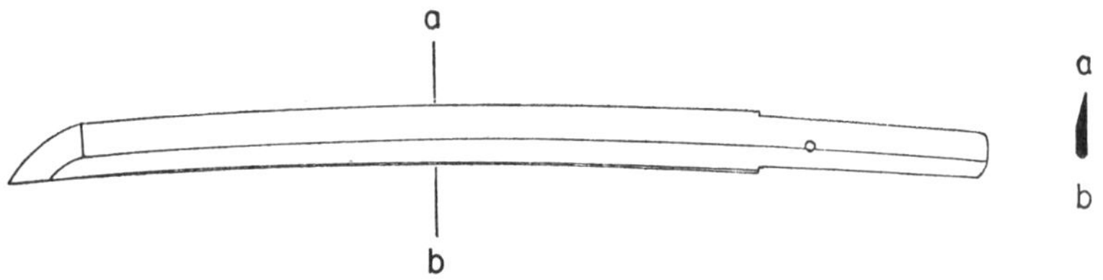

Kata-shinogi

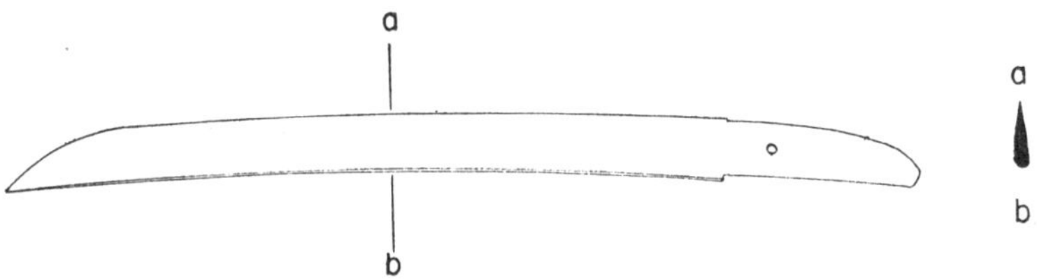

Hira-zukuri

KLINGENAUFBAU

Die Querschnitte durch verschiedene Klingenarten *(Abb. 29)* zeigen deutlich die unterschiedlichen Strukturen des Klingenaufbaus (kitae):

1) Maru-gitae.
   Diese Bauweise mit nur einer einzigen Sorte Klingenstahl wurde für die Massenproduktion verwendet. Sie wurde oft von Schmieden der Neuen Schwertperiode und von Schmieden, die importierten Stahl verarbeiteten, angewendet. Derartige Schwerter haben meist eine glatte Oberfläche ohne Muster.
2) Wariba-gitae.
   Der Schneidenbereich dieser Klinge besteht aus härterem Stahl als die Restklinge, sie ist daher der Bauart 1 überlegen.
3) Makuri-gitae.
   Bei diesem Klingentyp ist der relativ weiche Klingenkern von hartem Stahl umgeben.
4) Hon-sanmai-awase-gitae.
   Der weiche Kern und der harte Schneidenbereich sind mit einem Klingenmantel umgeben.
5) Shiho-zume-gitae.
   Dieser Typ entspricht der unter 4 beschriebenen Bauart, er hat aber zusätzlich noch einen Rücken aus Stahl.

Es gibt auch noch anders aufgebaute Klingen, deren Besprechung würde aber den Rahmen dieses Handbuches sprengen. Obwohl man es einem Schwert meist nicht einfach von außen ansehen kann, ist bei höherwertigen Waffen mit Sicherheit auch der Klingenaufbau komplizierter.

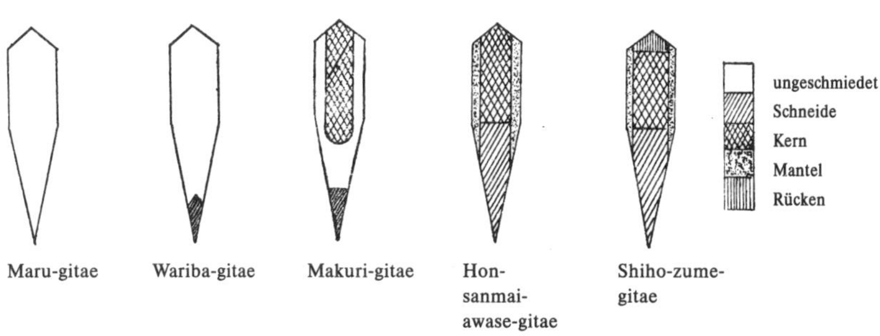

Abb. 29. Klingenaufbau im Querschnitt

Oberflächenstruktur

Ehe eine Klinge ihre endgültige Form erhält, wird das Metall erhitzt, gestreckt und der Rohling bis zu zwanzigmal übereinandergefaltet und das Metall jeweils wieder durch Schmieden verschweißt. Deswegen kann man an der fertigen Klinge sowohl an den Härtelinien als auch im übrigen Klingenbereich feine Metallstrukturen und -schichten erkennen. Die Muster, die diese Strukturen bilden, werden hada („Haut") der Klingenoberfläche genannt. Wenn der Klingenstahl fünfzehnmal ausgeschmiedet und übereinandergefaltet worden ist, dann liegen 32.768 Metallschichten übereinander. Diese Schichten bilden herrliche Muster, die aber nur sichtbar werden, wenn die Klinge fachgerecht poliert worden ist. An einigen Klingen ist nicht nur ein einziges Muster klar zu sehen, sondern es erscheinen zwei oder sogar noch mehrere Muster als Mischung. Außerdem wendeten einige Schmiede kunstvolle Verfahren an, durch die auch ohne das häufige Übereinanderfalten der Metallagen entsprechende Oberflächenmuster erzielt werden konnten. Mann kann diese Oberflächenstrukturen in die nachfolgend aufgeführten Muster einteilen *(Abb. 30):*

1) Schlichte oder glatte Oberfläche ohne Struktur (muji)
   Diese Oberflächenstruktur findet sich häufig auf maru-gitae aus der Neuen Schwertperiode (1530-1868) und auf Schwertern aus der Neuzeit ab 1868.
2) Gerades Muster (masame-hada)
3) Holzmaserartige Struktur (itame-hada)
4) Marmorierte Struktur (mokume-hada)
5) Geschwungene Struktur (ayasugi-hada)

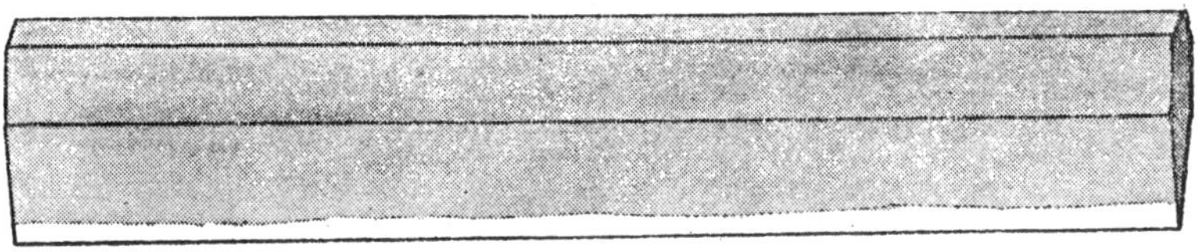

Schlicht, kein Muster (muji)

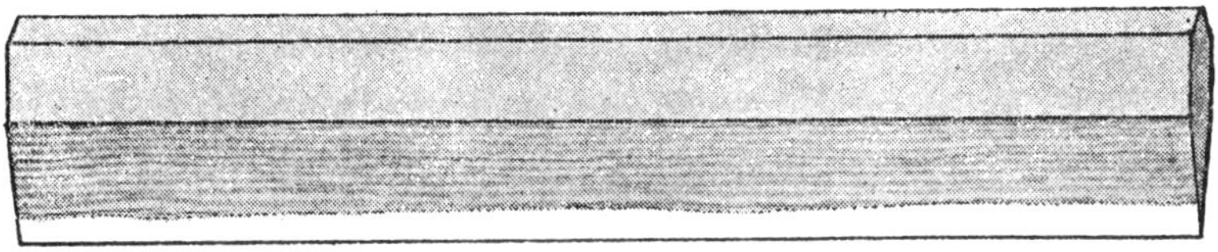

Gerades Muster (masame-hada)

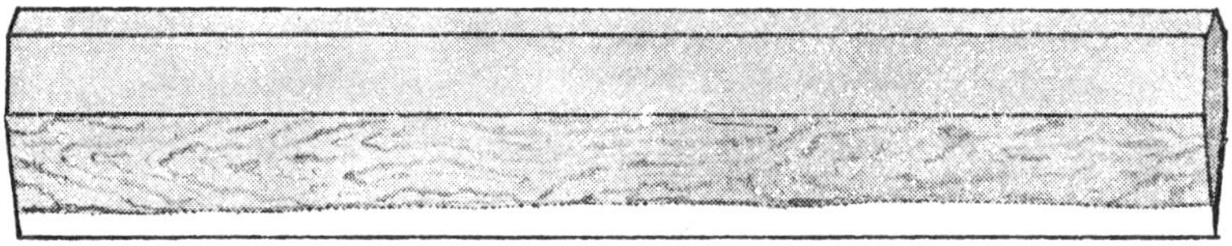

Holzmaserung (itame-hada)

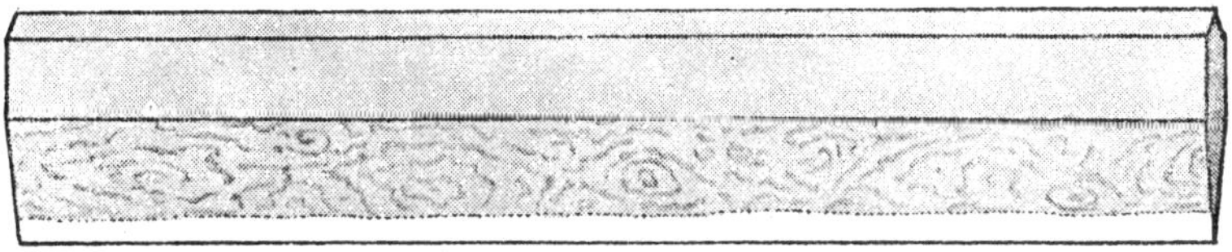

Marmoriert (mokume-hada)

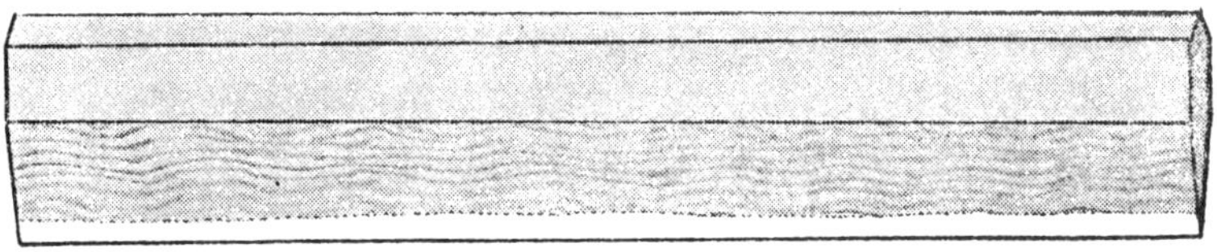

Geschwungen (ayasugi-hada)

Abb. 30. Oberflächenstrukturen von Schwertklingen

5

Die Herstellung des Schwertes

Nachdem sich das Schwert von der Stich- zur Hiebwaffe entwickelt hatte, machten sich die Schwertschmiede auf die Suche nach einem Verfahren, durch das die Klinge auf ihrer ganzen Länge eine gleichmäßige Schärfe bekommen konnte. Durch Versuche und durch zufällig gewonnene Erkenntnisse fanden sie heraus, daß die Klingen von sehr scharf geschliffenen Schwertern häufig brachen, wenn sie gegen einen Gegner in Rüstung eingesetzt wurden. Wenn aber andererseits die Klingen aus weichem und daher unzerbrechlichem Metall gefertigt wurden, dann verbogen diese Klingen. Ein weiteres Problem bildete die Forderung nach einem möglichst leichten Schwert, das im Kampf besser zu führen war. Als günstigster Wert erwies sich ein Gewicht zwischen 900 Gramm und 1.400 Gramm.

Seit den frühesten Tagen der Alten Schwertperiode hatte jede Schwertschmiedeschule eigene Fertigungstechniken entwickelt, die so gut wie möglich geheimgehalten wurden. Diese Geheimverfahren wurden vom Meister an den Lehrling und vom Vater an den Sohn weitergegeben, wobei die Weitergabe stets mündlich erfolgte. Zusätzlich zeigte der Lehrer an praktischen Beispielen, wie das Verfahren anzuwenden war. Durch diese Methode der mündlichen Überlieferung und das stetige Bemühen, keinen Dritten in den Besitz der Geheimverfahren kommen zu lassen, wurden auf dem Gebiet der Schmiedetechnik nur sehr langsam Fortschritte gemacht.
Die frühen Schwertschmiede hinterließen keinerlei Aufzeichnungen über die von ihnen verwendeten Methoden. Da ihnen außerdem keine modernen Instrumente zum Messen von Härtegraden oder Temperaturen zur Verfügung standen, wurden solche Faktoren überlicherweise mit in der Natur vorkommenden Erscheinungen verglichen. So hieß es dann zum Beispiel, daß im abschließenden Schmiedeprozeß der Stahl so lange zu erhitzen sei, bis er die Farbe des aufgehenden Mondes an einem Sommerabend im Juni oder Juli (gerechnet nach dem alten japanischen Kalender) erreicht hätte. Man nahm damals an, daß die Wassertemperatur im Februar und August gleich war. Daher benutzten die Schwertschmiede als Angabe für den Herstellungsmonat ihrer Schwerter fast immer die Monate Februar oder August, unabhängig davon, zu welcher Jahreszeit das Schwert tatsächlich gefertigt wurde. Der große Schmiedemeister Suishinshi Masahide, der von 1750 bis 1825 in der Neuen Schwertperiode lebte, hat intensive Studien über die alten Meister betrieben. Unser heutiges Wissen über die alten Fertigungsmethoden verdanken wir hauptsächlich seinen Bemühungen.
Zuerst gewannen die Schwertschmiede den benötigten Stahl selbst, indem sie eisenhaltigen Sand aufarbeiteten. Um 1450 herum wurde die Arbeit der Verhüttung jedoch von kleinen Hüttenwerken übernommen, was zu einer merklichen Verminderung der Qualität der erzeugten Schwerter führte. Nach 1600 verwendeten einige Schmiede importierten Stahl in größerem Maße.

Zur Herstellung von Schwertklingen können sehr viele verschiedene Verfahren angewendet werden. Aus Platzgründen können hier aber nur die

grundsätzlichen Verfahren beschrieben werden. Der Leser kann sich dadurch ungefähr vorstellen, wie ein solches Schwert entstanden ist. Auf den Fotos wird dieser Vorgang bildlich beschrieben.
Mehrere Metallstücke werden erhitzt, zu längeren Stücken ausgeschmiedet und dann der Länge nach übereinandergefaltet. Dieser Schmiedevorgang wird viele Male wiederholt. Immer, wenn das Metall die richtige Temperatur zum Schmieden erreicht hat, wird es gründlich durchgeschmiedet und dadurch werden die einzelnen Metallstücke gründlich verschweißt. So wird aus einzelnen Metallstücken allmählich eine Klinge, wobei aber mindestens sechs bis fünfzehn der vorher beschriebenen Arbeitsgänge erforderlich sind. Viele Schmiede haben diesen Vorgang sogar bis zu dreißigmal wiederholt.

Es gab aber noch einen komplizierteren Herstellungsvorgang, der wie folgt ablief: Die einzelnen Stahlstücke wurden erhitzt, durchgeschmiedet und dann der Länge nach gefaltet. Danach wurde der Stahl vom Schmied zu einem großen Stahlstück zusammengeschmiedet, der Länge nach gefaltet und wieder zusammengeschmiedet, wieder zu einem langen Stück ausgeschmiedet und dieser Prozeß dann wiederholt.
Bei jedem Umfaltvorgang mußte der Schmied peinlich genau darauf achten, daß es keine Luft- und Schmutzeinschlüsse im Metall gab. Wenn er hier nicht mit der nötigen Sorgfalt vorging, konnte das Schwert später im Kampf brechen. Außerdem war ein sehr großes Maß an Erfahrung und Sachkunde erforderlich, um genau den richtigen Härtegrad des Metalls zu erreichen. Wie bereits im Kapitel über den Klingenaufbau beschrieben wurde, verwendeten die Schmiede für ihre Arbeiten Stahlsorten von unterschiedlicher Härte, die bei den einzelnen Schmiedeprozessen gewonnen wurden.
Aus Ton, gemahlenem Sandstein, Holzkohlenpulver und anderen Materialien wurde eine Paste angerührt. Diese Paste wurde auf die Klinge gestrichen und das Metall zum letzten Härteprozeß erhitzt. Nach dem Erreichen der richtigen Temperatur wurde die Klinge in Wasser abgeschreckt, das ebenfalls die für den Prozeß optimale Temperatur haben mußte.
An dieser Stelle ist es angebracht, etwas über die Einstellung des Schmiedes zu seiner Arbeit zu bemerken und über die Umstände, unter denen er arbeitete. Jedes Handwerk im alten Japan hatte seine eigene Gottheit („kami“, läßt sich nur recht unvollständig als Gottheit übersetzen, da der Shintoismus eigentlich gar keine Götter kennt) als Schutzpatron, der um Hilfe und Unterstützung angerufen wurde. Die Schwertschmiede mach-

ten da natürlich keine Ausnahme. In jeder Schwertschmiede befand sich in einer Ecke ein kleiner Schrein, vor dem, vor der Aufnahme der Arbeit und während des Schmiedens einer Klinge, die entsprechenden Gebete verrichtet wurden. Der Schwertschmied nahm seine Arbeit sehr ernst, denn er war sich der Unterstützung der Götter gewiß.
Nachdem der Schmied sein Namenszeichen in die Angel geschlagen hatte, wurde die Klinge dem Polierer übergeben. Der Polierer brauchte für seine Arbeit normalerweise 1 - 2 Wochen, wobei er zum Polieren der Klinge Steine mit verschieden grober Körnung verwendete.
In der Zwischenzeit waren schon mehrere verschiedene Handwerker mit der Herstellung der Einzelteile des Schwertes beschäftigt *(Abb. 31).* Die Zierrate am Griff (menuki), die Seidenbandwicklungen, Stichblätter und Scheiden wurden jeweils von eigens dafür zuständigen Handwerkern gefertigt. Schließlich erhielt dann ein Krieger durch die gemeinsamen Anstrengungen aller Beteiligten ein neues Schwert.
Seit dem Ende des 2. Weltkrieges waren diese spezialisierten Handwerksberufe sehr stark im Rückgang begriffen, mittlerweile hat es aber wieder einen bescheidenen Aufschwung gegeben.

Abb. 31. Polierer, Scheidenmacher und Lackierer; 18. Jahrhundert.

Foto 34. Der Meister vollführt vor dem Schmiedevorgang einen symbolischen Reinigungsakt seines Körpers, indem er sich mit kaltem Wasser begießt. (Dieses und die folgenden vierzehn Fotos über den Schmiedevorgang sind mit freundlicher Genehmigung des Meisters Tsunetoshi Miyugachi und der Gesellschaft zur Erhaltung des japanischen Schwertes, Nationalmuseum Tokio, abgebildet.)

Foto 35. Nach dem Reinigungsakt wird vor dem Ahnenschrein in einer Ecke der Schmiede ein Gebet verrichtet.

Foto 36. Eisenstücke von geeigneter Qualität werden erhitzt und ausgeschmiedet. Danach wird das glühende Metall in Wasser abgeschreckt und in gleichgroße Stücke zerteilt.

Foto 37. Die so gewonnenen Metallstücke werden auf einer spachtelförmigen Eisenplatte von gleicher Metallqualität zusammengelegt.

Foto 38. Die Eisenplatte wird zusammen mit den Stücken im Schmiedefeuer erhitzt.

Foto 39. Die Eisenteile werden jetzt wiederholt erhitzt und so lange ausgeschmiedet, bis ein einziges homogenes Metallstück entstanden ist.

Foto 40. Die Gehilfen (sakite) unterstützen den Meister beim Umfalten und Durchschmieden des Werkstückes. Dieser Vorgang wird so lange wiederholt, bis das Metall die gewünschte Struktur und Stahlqualität erreicht hat.

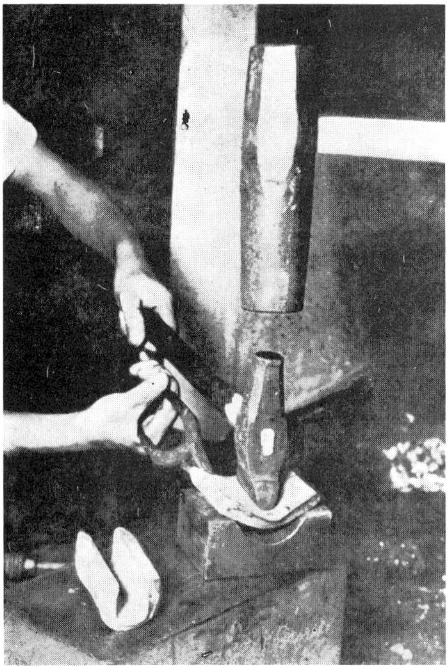

Foto 41. Zwei Werkstücke aus Stahl, die getrennt bearbeitet worden sind, werden unter der Hinzufügung von Borax zu Klingenkern und Klingenmantel zusammengeschmiedet. Es entsteht dadurch eine Klinge des Typs kobuse.

Foto 42. Durch wiederholtes Durchschmieden des Werkstückes erhält man allmählich ein Metallstück von länglicher Form.

Foto 43. Mit einem speziellen Schleifgerät (sen) und mit Feilen gibt der Meister dem Werkstück die Form einer rohen Klinge.

Foto 44. Die Klinge wird mit Lehm bestrichen, der dann trocknen muß. Hier sieht man, wie ein Teil des Lehmmantels abgekratzt wird, damit später eine Härtelinie mit einem bestimmten Muster entstehen kann.

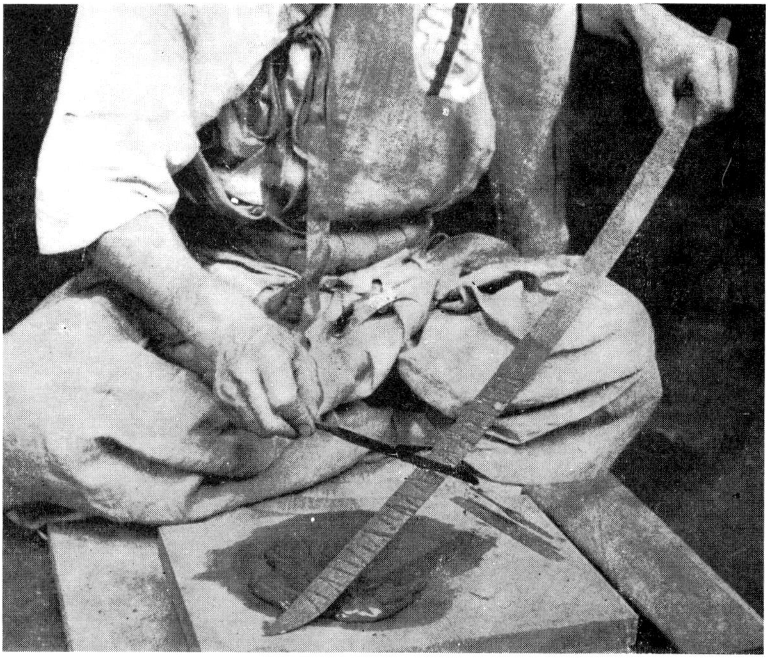

Foto 45. Die komplette Klinge wird auf eine ganz bestimmte Temperatur erhitzt. Hier sehen wir, wie sie zum Härten in einen Tank mit lauwarmem Wasser getaucht wird.

Foto 46. Unter Zuhilfenahme eines erhitzten, eingeschnittenen Kupferblockes korrigiert der Meister die Krümmung der Klinge.

Foto 47. Ihre endgültige Form erhält die Klinge durch Schleifen über einem groben Stein. Danach wird sie einem Spezialisten zum Anbringen der Politur übergeben.

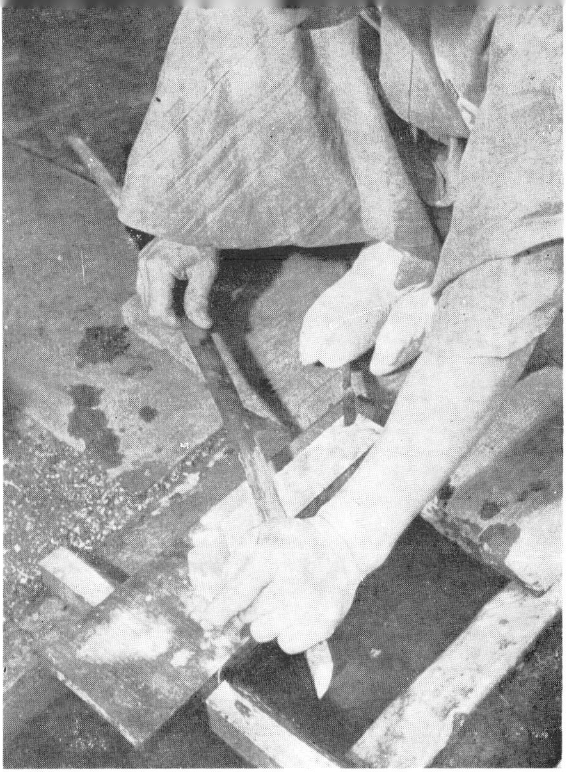

Foto 48. Als letztes Schwertteil wird die Angel bearbeitet. Hier schlägt der Schmiedemeister seine Signatur ein.

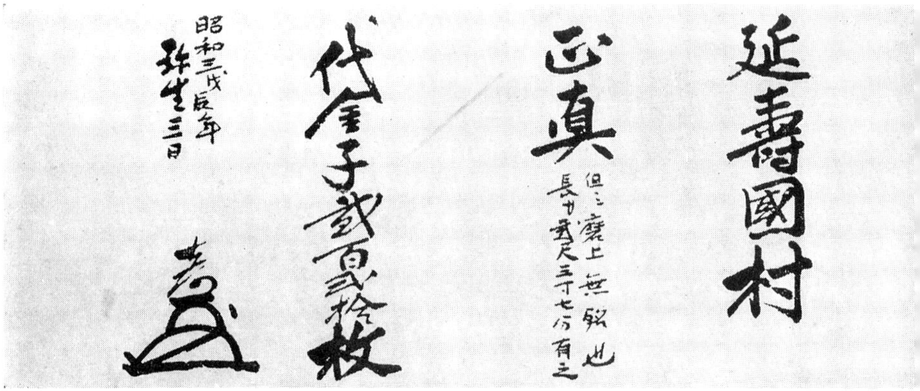

Foto 49. Ein von der Familie Honnami herausgegebenes Schwertgutachten. Es muß von oben nach unten und von links nach rechts gelesen werden.
Erste Zeile: Enju Kunimira (Name des Schmiedes).
Zweite Zeile: shoshin („echt"), gefolgt von einer Beschreibung der Klinge in kleiner Schrift, aus der hervorgeht, daß die Klinge gekürzt worden ist und keine Beschriftung hatte, die Länge wird mit zwei shaku und drei bun (606 mm) angegeben.
Dritte Zeile: daikin-su nihyaku-niju-mai (Preis 220 Goldstücke).
Das Datum „3. März, drittes Jahr Showa (1928)" befindet sich am Anfang der vierten Zeile, die Unterschrift des Gutachters steht am Ende dieser Zeile. Das Siegel des Gutachters ist auf der Rückseite dieses Dokumentes angebracht.

6

Beschriftungen und ihre Deutung

NACH DER JAPANISCHEN SCHREIBWEISE werden die Schriftzeichen untereinander geschrieben. Daran muß man denken, wenn man sich mit den folgenden Listen beschäftigt, denn die hier vertikal abgebildeten Schriftzeichen erscheinen auf dem Schwert horizontal.
Außerdem können die tatsächlich auf dem Schwert stehenden Zeichen deutlich anders als die hier abgebildeten Zeichen aussehen. Ein Grund dafür sind Alterungsprozesse, die hauptsächliche Ursache dafür sind aber die unterschiedlichen Schreibweisen der Zeichen durch die verschiedenen Schwertschmiede.

Die Aussprache des Japanischen

Das beste Japanisch sollte ohne Akzent und möglichst monoton gesprochen werden. Vokale werden grundsätzlich jeder für sich getrennt ausgesprochen. So wird zum Beispiel das Wort aoi so betont: ah-oh-ih. Osafune wird oh-sah-fuh-neh ausgesprochen, Masamune entsprechend mah-sah-muh-neh. Lange Vokale müssen entsprechend lang betont werden, Omi wird also oh-oh-mi ausgesprochen. Die japanische Sprache kennt fünf Vokale, die wie folgt betont werden:

a wie in Vater
i wie in Sieg
u wie in gut (aber ohne rundgestellte Lippen)
e wie in Mett
o wie in Boot

Außerdem hat die Sprache neunzehn Konsonanten:
k, s, sh, t, ch, ts, n, h, f, m, y, r, w, d, b, p, g (wird ng ausgesprochen), z (wird als stimmhaftes „s" ausgesprochen) und j (wird dj ausgesprochen)

Häufig vorkommende Schriftzeichen

Eines der größten Probleme für den europäischen Schwertliebhaber ist die Deutung der vielen tausend verschiedenen Schriftzeichen, die in den Beschriftungen vorkommen. Selbst ein gebildeter Japaner kann beim Lesen dieser Zeichen Schwierigkeiten haben und es ist auch schon oft zu Fehldeutungen gekommen.
So ist zum Beispiel der Schwertschmied Kanemitsu (兼 光 ca. 1346) bei den Japanern als Ô-Ganemitsu (großer Kanemitsu) bekannt. In diesem Fall bedeutet die Vorsilbe ô aber gar nicht „groß", sondern sie wurde von dem Wort uo hergeleitet, und das heißt Fisch. Die Fehldeutung entstand, weil Kanemitsu das Schriftzeichen für kane (兼) in seinem Namen genauso schrieb wie das Schriftzeichen für Fisch (魚).

In der folgenden Aufstellung finden Sie eine ganze Reihe von Begriffen, für die es teilweise mehrere Schreibweisen gibt. Der in lateinischer Schrift angegebene Begriff ist derjenige, der vom Schwertschmied für die Beschriftung des Schwertes verwendet wurde.

一 一 元 光	ICHI	eins, erster, Januar
二 二 貳 弐	NI	zwei, zweiter, Februar
三 三 参	SAN	drei, dritter, März
四 四 亖	SHI	vier, vierter, April
五 五	GO	fünf, fünfter, Mai
六 六	ROKU	sechs, sechster, Juni
七 七	SHICHI	sieben, siebter, Juli
八 八	HACHI	acht, achter, August
九 九	KU	neun, neunter, September

十 十 拾 拾	JYÛ	zehn, zehnter, Oktober
二月日	NI-GATSU-HI	ein Tag im Februar
二月吉日	NI-GATSU KITSU-JITSU	ein glücklicher Tag im Februar
八月日	HACHI-GATSU-HI	ein Tag im August
八月吉日	HACHI-GATSU KITSU-JITSU	ein glücklicher Tag im August
秋 秋 秋	AKI	Herbst
有 有 有	ARI	Gegenwart
在	ARI	Dasein
備州	BISHÛ	Bi-Provinzen; Bizen, Bitchû, Bingo

備州	BISHÛ (Fortsetzung)	
近 近 近 近	CHIKA	nahe
親 親 親	CHIKA	vertraut
藤原	FUJI-WARA	Familienname
藤原		
房 房 房 房	FUSA	Quaste
春 春	HARU	Frühling
治 治	HARU	regieren
緐 繁	HAN, SHIGE	wohlhabend

平 平 平 平	HEI, TAIRA	flach; Vorname
廣 廣 廣	HIRO	breit
弘 弘 弘	HIRO	fortpflanzen
弘 弘		
久 久 久	HISA	von Dauer
寶	HÔ	Schatz
雕	HORI	schnitzen
彫 同 作	HORI- DÔSAKU	von der gleichen Person angebrachte Inschriften
彫 物	HORI-MONO	Inschrift

刻物	KIRI-MONO	Inschriften
切物		
住 住 住	JÛ	Bewohner von...
掾 掾 掾 掾	JÔ	ein Titel
景 景 景 景	KAGE	Schatten
金 金	KIN, KANE	Gold, Geld, Metall
兼 兼 兼 兼	KANE	verbinden
兼 兼 兼 兼		
兼 兼 兼 兼		

KANE — einwickeln

KATSU — Sieg

KO, TORA — Tiger

KORE — dies

KUNI — Land, Provinz

	KUNI	(Fortsetzung)
	MASA	richtig
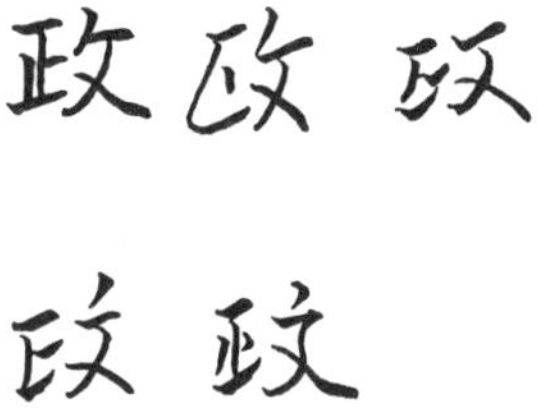	MASA	Regierung
	MASA	klar
	MICHI, DÔ	Straße
	MICHI	Straße
	MINAMOTO	Familienname

源 源	MINAMOTO (Fortsetzung)	
光 光 光 光 光	MITSU	leicht
明 明	MEI, MYÔ	hell
盛 盛 盛 盛 盛	MORI	in vollem Maße
守 守 守 守 守 守	MORI; KAMI	verteidigen; ein Titel
元 元 元	MOTO, GAN	zuerst

	MOTO, GAN (Fortsetzung)	
	MOTTE	mit
	MURA	Dorf
	MUNE	ehrfürchtig

	MUNE	Gefühl
	NAGA, CHÔ	lang

	NAGA, EI	von Dauer

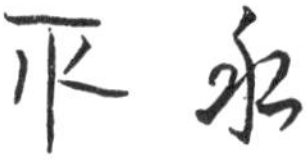

NAGA
(Fortsetzung)

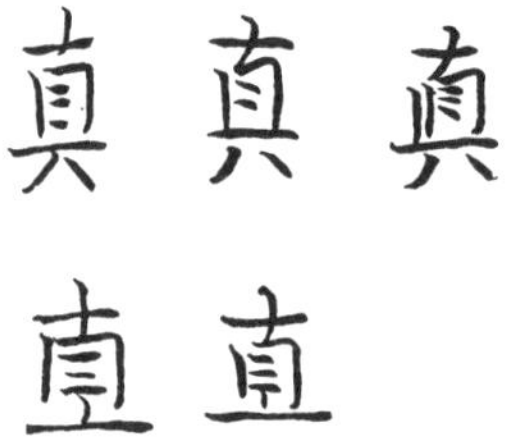

NAO, SANE — gerade

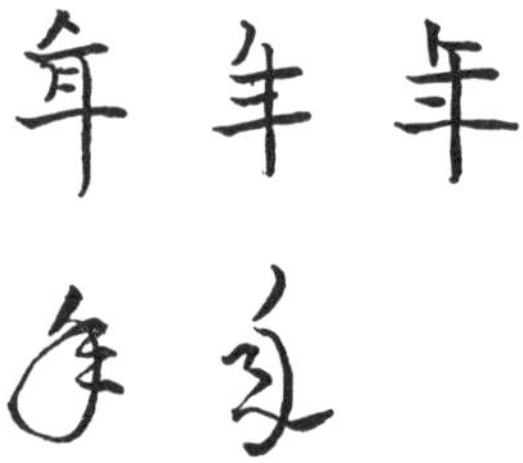

NEN — Jahr

NOBU — Vertrauen

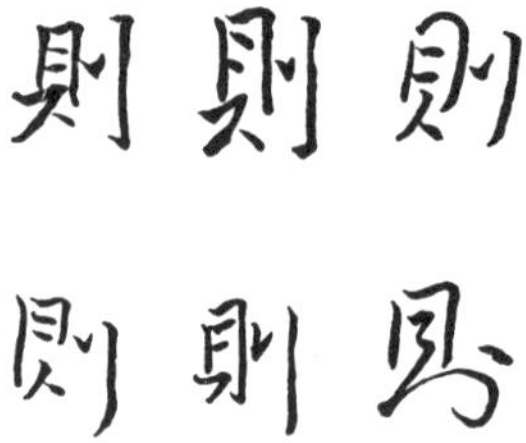

NORI — Regel

NORI — Gesetz

於 於 於	OITE	bei
扵 扵 於		
長 船	OSA-FUNE	das Dorf Osafune
長 船		
長 船		
長 船		
来	RAI	kommen
了 了 了	RYÔ	vollständig
貞 貞 貞 貞	SADA	aufrecht

先 先 先	SAKI	Spitze
左 左 左	SA	links
實	SANE	wirklich
千 千 千	SEN	tausend
重 重 重 重	SHIGE	schwer
所 持	SHOJI	Eigentum von..
所 持		
州 州 州 州	SHÛ	eine Provinz
州 州 州		

介 介	SUKE	ein Titel
助 助 助	SUKE	Hilfe
助 助		
祐 祐	SUKE	Hilfe
橘 橘 橘 橘	TACHIBANA	Familienname
忠 忠 忠	TADA, CHÛ	Loyalität
忠 忠		
隆	TAKA	wohlhabend
高 高	TAKA	hoch

	TAKE	heftig
	TAME	um des ... willen
	TERU	scheinen
	TERU	scheinen
	TOMO	Freund

	TOMO, RIN	Code
	TOSHI	klug
	TSUGU, JI	folgen

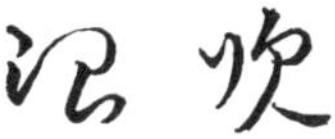	TSUGU (Fortsetzung)	
	TSUGU	weitermachen

	SAKU	machen

	TSUKURU	machen

	TSUKURU, SEI	machen
	KORE	dieser, dies

之 之 之	KORE	(Fortsetzung)
綱 綱 綱 綱	TSUNA	Seil
恒 恒	TSUNE	konstant
常 常	TSUNE	konstant
氏 氏	UJI, SHI	Teil eines Familiennamens
冩 冩	UTSUSU	Kopie
若 若 若	WAKA	jung
安 安 安 安	YASU, AN	friedfertig
安 安 安		

康 康	YASU	friedfertig
義 義 義 義 義 義	YOSHI, GI	Pflicht
吉 吉 吉 吉 吉	Yoshi	Glück
行 行 行 行 行 行	YUKI	gehen
幸 幸 幸	YUKI, YOSHI	Glücklichsein

Die Epochen der japanischen Geschichte

Die Epoche, in der ein japanisches Schwert entstanden ist, steht sehr oft als Inschrift auf der Schwertangel. Nachfolgend finden Sie eine Aufstellung aller japanischen Geschichtsepochen von 1053 bis zur Neuzeit. Die Zahl hinter dem Namen der Epoche gibt an, wie viele Jahre dieser Zeitabschnitt gedauert hat. Eine Einheit muß aber nicht unbedingt ein Kalenderjahr bedeuten. So endete zum Beispiel die Taisho-Epoche Mitte Dezember, folglich bestand die nächste Epoche mit Namen Showa im ersten Jahr nur aus den noch verbliebenen Tagen des Dezembers (nach dem christlichen Kalender gerechnet). Das angegebene Jahr bezeichnet also lediglich den Beginn der jeweiligen Epoche.
Sehr oft wurden die Namen der Epochen auch von den jeweils regierenden Herrschern geändert, um ein wichtiges Ereignis zu kennzeichnen oder um drohendes Unglück abzuwenden.
Sechzig Jahre lang (ab 1332) bestanden in Japan zwei Kaiserhöfe, der nördliche und der südliche Hof. Die während dieses Zeitabschnittes mit (*) gekennzeichneten Epochennamen beziehen sich auf den nördlichen Hof.

天喜	Tenki	5	1053		康和	Kôwa	5	1099
康平	Kôhei	7	1058		長治	Chôji	2	1104
治暦	Jiryaku	4	1065		嘉承	Kashô	2	1106
延久	Enkyû	5	1069		天仁	Tennin	2	1108
承保	Shôho	3	1074		天永	Ten-ei	3	1110
承暦	Shôryaku	4	1077		永久	Eikyû	5	1113
永保	Eiho	3	1081		元永	Gen-ei	2	1118
應德	Ôtoku	3	1084		保安	Hoan	4	1120
寛治	Kanji	7	1087		天治	Tenji	2	1124
嘉保	Kaho	2	1094		大治	Daiji	5	1126
永長	Eichô	1	1096		天承	Tenshô	1	1131
承德	Shôtoku	2	1097		長承	Chôshô	3	1132

保延	Hoen	6	1135
永治	Eiji	1	1141
康治	Kôji	2	1142
天養	Tenyô	1	1144
久安	Kyûan	6	1145
仁平	Ninpei	3	1151
久壽	Kyûju	2	1154
保元	Hogen	3	1156
平治	Heiji	1	1159
永暦	Eiryaku	1	1160
應保	Ôho	2	1161
長寛	Chôkan	2	1163
永萬	Eiman	1	1165
仁安	Nin-an	3	1166
嘉應	Kaô	2	1169
承安	Shôan	4	1171
安元	Angen	2	1175
治承	Jishô	4	1177
養和	Yôwa	1	1181
壽永	Juei	2	1182
元暦	Genryaku	1	1184
文治	Bunji	5	1185
建久	Kenkyû	9	1190
正治	Shôji	2	1199
建仁	Kennin	3	1201
元久	Genkyû	2	1204
建永	Ken-ei	1	1206
承元	Shôgen	4	1207
建暦	Kenryaku	2	1211
建保	Kenpô	6	1213
承久	Shôkyû	3	1219
貞應	Jôô	2	1222
元仁	Gennin	1	1224
嘉祿	Karoku	2	1225
安貞	Antei	2	1227
寛喜	Kanki	3	1229
貞永	Jôei	1	1232
天福	Tempuku	1	1233
文暦	Bunryaku	1	1234
嘉禎	Katei	3	1235
暦仁	Ryakunin	1	1238
延應	En-ô	1	1239
仁治	Ninji	3	1240
寛元	Kangen	4	1243
寶治	Hôji	2	1247
建長	Kenchô	7	1249
康元	Kôgen	1	1256
正嘉	Shôka	2	1257
正元	Shôgen	1	1259
文應	Bun-ô	1	1260
弘長	Kôchô	3	1261
文永	Bun-ei	11	1264
建治	Kenji	3	1275
弘安	Kôan	10	1278
正應	Shôô	5	1288
永仁	Einin	6	1293
正安	Shôan	3	1299
乾元	Kengen	1	1302
嘉元	Kagen	3	1303
德治	Tokuji	2	1306
延慶	Enkei	3	1308
應長	Ochô	1	1311
正和	Shôwa	5	1312
文保	Bunpô	2	1317
元應	Genô	2	1319
元亨	Genkyô	3	1321

正中	Shôchû	2	1324
嘉曆	Kareki	3	1326
元徳	Gentoku	2	1329
元弘	Genkô	3	1331
正慶	*Shôkei	2	1332
建武	Kenmu	2	1334
延元	Engen	4	1336
曆應	*Ryakuô	4	1338
興國	Kôkoku	6	1340
康永	*Kôei	3	1342
貞和	*Jôwa	5	1345
正平	Shôhei	24	1346
觀應	*Kan-ô	2	1350
文和	*Bunwa	4	1352
延文	*Enbun	5	1356
康安	*Kôan	1	1361
貞治	*Jôji	6	1362
應安	*Ôan	7	1368
建徳	Kentoku	2	1370
文中	Bunchû	3	1372
永和	*Eiwa	4	1375
天授	Tenju	6	1375
康曆	*Kôryaku	2	1379
弘和	Kôwa	3	1381
永徳	*Eitoku	3	1381
至徳	*Shitoku	3	1384
元中	Genchû	9	1384
嘉慶	*Kakei	2	1387
康應	*Kôô	1	1389
明徳	*Meitoku	4	1390
應永	Ôei	34	1394
正長	Shôchô	1	1428
永享	Eikyô	12	1429
嘉吉	Kakitsu	3	1441
文安	Bun-an	5	1444
寶徳	Hôtoku	3	1449
享徳	Kyôtoku	3	1452
康正	Kôshô	2	1455
長祿	Chôroku	3	1457
寬正	Kanshô	6	1460
文正	Bunshô	1	1466
應仁	Onin	2	1467
文明	Bunmei	18	1469
長享	Chôkyô	2	1487
延徳	Entoku	3	1489
明應	Meiô	9	1492
文龜	Bunki	3	1501
永正	Eishô	17	1504
大永	Taiei	7	1521
享祿	Kyôroku	4	1528
天文	Tenmon	23	1532
弘治	Kôji	3	1555
永祿	Eiroku	12	1558
元龜	Genki	3	1570
天正	Tenshô	19	1573
文祿	Bonruku	4	1592
慶長	Keichô	19	1596
元和	Genwa	9	1615
寬永	Kan-ei	20	1624
正保	Shôho	4	1644
慶安	Keian	4	1648
承應	Shôô	3	1652
明曆	Meiryaku	3	1655
萬治	Manji	3	1658
寬文	Kanbun	12	1661
延寶	Enpô	8	1673

天和	Tenwa	3	1681
貞享	Jôkyô	4	1684
元祿	Genroku	16	1688
寶永	Hôei	7	1704
正徳	Shôtoku	5	1711
享保	Kyôhô	20	1716
元文	Genbun	5	1736
寛保	Kanpô	3	1741
延享	Enkyô	4	1744
寛延	Kan-en	3	1748
寶暦	Hôryaku	13	1751
明和	Meiwa	8	1764
安永	An-ei	9	1772
天明	Tenmei	8	1781
寛政	Kansei	12	1789
享和	Kyôwa	3	1801
文化	Bunka	14	1804
文政	Bunsei	12	1818
天保	Tenpô	14	1830
弘化	Kôka	4	1844
嘉永	Kaei	6	1848
安政	Ansei	6	1854
萬延	Man-en	1	1860
文久	Bunkyû	3	1861
元治	Genji	1	1864
慶應	Keiô	3	1865
明治	Meiji	44	1868
大正	Taishô	14	1912
昭和	Shôwa	-	1926

Der Sternkreis

Zustätzlich zur normalen Zeitrechnung nach Jahren verwendeten die Japaner auch noch eine Zeitrechnung, die sich nach dem Sternkreis richtete. Die Symbole für diese Zeitrechnung tauchen sehr häufig in Schwertinschriften auf und sind bei der Identifizierung und der Festlegung des Herstellungsjahres hilfreich. Dabei werden für die Sternzeichen zwei verschiedene Arten von Schriftzeichen verwendet. Beim ersten System werden zehn Zeichen für Ordnungszahlen verwendet, die mit unserer Durchnumerierung mit A,B,C usw. vergleichbar sind. Die japanischen Bezeichnungen für diese Zeichen sind: kinoe; kinoto; hinoe; hinoto; tsuchinoe; tsuchinoto; kanoe; kanoto; mizunoe; und mizunoto. Beim zweiten System werden die zwölf Symbole des Sternkreises verwendet, die wie folgt heißen: ne (Ratte); ushi (Ochse); tora (Tiger); u (Hase); tatsu (Drachen); mi (Schlange); uma (Pferd); hitsuji (Schaf); saru (Affe); tori (Huhn); inu (Hund); und i (Schwein).

Jedes Jahr wird mit jeweils einem Zeichen aus den beiden Systemen bezeichnet, und zwar jeweils der Reihe nach. Da die eine Liste 10 und die andere Liste 12 Zeichen enthält, ergibt die Summe aller Zeichen aus beiden Listen die Anzahl von 60 möglichen Kombinationen. Danach ist der Zyklus abgeschlossen und es wird wieder von vorn gezählt. So heißen zum Beispiel die ersten vierzehn Jahre des Zyklus wie folgt:

1	kinoe-ne	8	kanoto-hitsuji
2	kinoto-ushi	9	mizunoe-saru
3	hinoe-tora	10	mizunoto-tori
4	hinoto-u	11	kinoe-inu
5	tsuchinoe-tatsu	12	kinoto-i
6	tsuchinoto-mi	13	hinoe-ne
7	kanoe-uma	14	hinoto-ushi

Folglich hat es in den letzten tausend Jahren das Jahr kinoe-ne mehrfach gegeben:

964	1324	1684
1024	1384	1744
1084	1444	1804
1144	1504	1864
1204	1564	1924
1264	1624	

In der Übersicht III sehen Sie die Ordnungszahlzeichen und die Sternkreiszeichen sowohl in japanischer als auch chinesischer Leseweise. Wenn die Ordungszahlzeichen zur Durchnumerierung (also nicht zur Kennzeichnung von Jahren in Verbindung mit dem Sternkreiszeichen) benutzt werden, dann wird die chinesische Leseweise angewendet.

Übersicht III

Leseweise der Ordnungszahlzeichen und der Sternkreiszeichen

	Ordnungszahlzeichen			Sternkreiszeichen	
	japanische Leseweise	chinesische Leseweise		japanische Leseweise	chinesische Leseweise
甲	Kinoe	Ko	子	Ne	Shi
乙	Kinoto	Otsu	丑	Ushi	Chu
丙	Hinoe	Hei	寅	Tora	In
丁	Hinoto	Tei	卯	U	Bo
戊	Tsuchinoe	Bo	辰	Tatsu	Shin
己	Tsuchinoto	Ki	巳	Mi	Shi
庚	Kanoe	Kô	午	Uma	Go
辛	Kanoto	Shin	未	Hitsuji	Bi
壬	Mizunoe	Jin	申	Saru	Shin
癸	Mizunoto	Ki	酉	Tori	Yu
			戌	Inu	Jutsu
			亥	I	Gai

7

Die Pflege des Schwertes

OBWOHL DAS SCHWERT in seiner Hauptfunktion eine Hieb- und dann eine Stichwaffe ist, sollte mit den hier beschriebenen Waffen keinesfalls auf harte Gegenstände geschlagen werden. Damit würden Sie auf Dauer nur die Klinge ruinieren. Außerdem sollten Sie sorgfältig darauf achten, daß weder die Leder- bzw. Seidenbandumwicklung des Griffes noch die anderen Teile der Montage beschädigt werden. Außerhalb Japans dürfte es nämlich ziemlich schwer sein, einen Handwerker zu finden, der solche Schäden wirklich sachgerecht reparieren kann.

Der Wert des Samuraischwertes ist in erster Linie von der Schönheit und vom makellosen Zustand der Klingenpolitur abhängig. Darum sollte überaus sorgfältig darauf geachtet werden, daß die Politur nicht beschädigt wird, insbesondere darf die Klinge keinesfalls mit der Hand berührt werden. Zur Verhinderung von Rostansatz sollte die Klinge stets leicht eingeölt sein. Dabei sollte am besten ein leichtes Öl (nach Möglichkeit Nelkenöl, erhalten Sie mittlerweile auch in Deutschland im gutsortierten Fachhandel, siehe auch Anzeigenteil in diesem Buch) verwendet werden,

denn durch die Benutzung von dickflüssigen Ölen kann es zu Schmutzansammlungen in der Scheide kommen. Wenn Sie das Schwert in einer Umgebung aufbewahren, in der hohe Luftfeuchtigkeit herrscht oder sich durch Meeresnähe Salz in der Luft befindet, dann muß die Klinge monatlich neu eingeölt werden. In klarer Gebirgsluft reicht es, wenn die Klinge alle drei Monate neu eingeölt wird. Vor dem Aufbringen eines neuen Ölfilmes muß das alte Öl von der Klinge entfernt werden, dazu benutzen Sie am besten ein weiches Tuch oder ein Tempotaschentuch. Danach bestreuen Sie die Klinge mit speziellem Ölbindepulver (uchi-ko) oder mit Talkum. Entfernen Sie das Pulver danach mit einem frischen Tuch und bringen Sie mit frischem leichtem Öl einen dünnen neuen Film auf.
Es kann gar nicht genug betont werden, wie wichtig die regelmäßige Pflege der Klinge mit Öl ist, denn es ist der beste Korrosionsschutz. Außerhalb Japans gab es meines Wissens bis vor einigen Jahren kaum jemanden, der eine Klinge sachgerecht polieren oder eine Montierung reparieren konnte, allerdings hat sich diese Situation mittlerweile geändert. Wenn ein Amateur versuchen sollte, eine Schwertklinge selbst zu polieren, dann kann dadurch sehr leicht die Klinge völlig ruiniert werden.
Zur Pflege der Klinge oder der anderen Metallbeschlagteile des Schwertes sollten Sie auf keinen Fall Metallputzmittel verwenden, besonders gilt das für das Stichblatt (tsuba). Da sich auf der Angel wichtige Informationen über den Hersteller der Klinge befinden, darf dieses Schwertteil auf gar keinen Fall poliert werden.

8

Begutachtung und Wertermittlung

DIE KUNST DER SCHWERTBEGUTACHTUNG ist so alt wie die Geschichte des Schwertes selbst. Ihre Geheimnisse und Verfahren wurden von Generation zu Generation mündlich vom Meister an den Lehrling weitergegeben, manche Gutachter haben ihre Erkenntnisse aber auch schriftlich niedergelegt. Diese Aufzeichnungen wurden aber üblicherweise geheimgehalten, deswegen sind selbst heutzutage nur sehr wenige davon bekannt. Die ersten dieser Aufzeichnungen stammen bereits aus dem Jahre 1315. Im 13. Jahrhundert wurde der Bedarf an guten Schwertsachverständigen immer größer. Zu dieser Zeit begann sich die Familie Honnami auf diese Kunst zu konzentrieren. Über viele Generationen hinweg dienten die

Honnami als offizielle Gutachter den Toyotomi und den Tokugawa-Shogunen. Sie stellten Bescheinigungen aus, in denen die Echtheit und die Geschichte von Schwertern (Foto 49) bestätigt wurden. Im großen und ganzen sind diese Gutachten recht zuverlässig, aber im Verlauf der Zeit sind natürlich zuweilen die Urkunden und die zugehörigen Schwerter durcheinander geraten. Manchmal tauchen auch Schwerter mit gefälschten Gutachten auf. Unglücklicherweise wurde ein großer Teil der geheimen Familienunterlagen der Honnami bei der Erdbebenkatastrophe im Jahre 1923 vernichtet. Es sind außerdem nur sehr wenige dieser Unterlagen überhaupt veröffentlicht worden. Nach der Meiji-Periode gab es neben der Familie Honnami auch noch eine ganze Reihe von anderen Gutachtern, die ebenfalls Expertisen erstellten.
Allen Schwertbesitzern möchte ich raten, daß sie sich über ihre Schwerter möglichst komplette Unterlagen von einem zuverlässigen Sachverständigen besorgen. Am besten erhalten Sie diese Informationen, wenn Sie das Schwert begutachten lassen. Wenn die Schwertangel eine Beschriftung trägt, dann können Sie sich die notwendigen Auskünfte auch über die Post einholen, indem Sie durch Abpausen eine Kopie der Beschriftungen der Angel (oshigata) anfertigen und diese zusammen mit Kopien der anderen Schwertbeschriftungen und -zeichen an den Sachverständigen einschicken.
Zur Zeit der ersten Drucklegung dieses Buches gab es in den Vereinigten Staaten höchstens zwei oder drei kompetente Schwertsachverständige, und kaum jemand konnte ein Schwert reparieren oder eine schlichte Holzscheide (shira-saya) anfertigen. Eine bedauerliche Folge dieses Mangels an Fachleuten war die Tatsache, daß viele wertvolle und berühmte Schwerter auf Dachböden, in Scheunen und in Trödelläden vor sich hinrosteten.
Im Verlauf der Zeit unterlag der Wert der japanischen Schwerter ziemlich starken Schwankungen. Während des 2. Weltkrieges bestand große Nachfrage nach ihnen und entsprechend hoch waren die Preise. Direkt nach dem Krieg ließ die Nachfrage deutlich nach, es interessierte sich nur ein kleiner Kreis eingeschworener Sammler für diese Waffen. Die o.a. Zustände haben sich natürlich im Verlauf der Zeit grundlegend geändert, heutzutage treffen sie ganz sicher weder in den USA noch hier in Deutschland zu.
Der Wert der meisten Klingen ist in erster Linie vom guten Ruf ihrer Schmiede abhängig, das Alter dagegen hat wenig Einfluß auf ihren Wert. So liegt zum Beispiel der Wert einer im Jahre 1661 vom Schmied Kotetsu

aus der Provinz Musashi geschmiedeten Klinge um ein vielfaches über dem Preis, den eine im Jahre 1368 von Kunimune aus der Provinz Etchu geschmiedete Klinge erzielen würde. Selbst bei den vom gleichen Schmied gefertigten Klingen kann es, bedingt durch den Grad seiner Erfahrung und der Ausführungsqualität, durchaus Wertunterschiede geben. Der Wert von Klingen, die ausgezeichnete Gravierungen aufweisen, die von zwei oder mehreren Schmieden bearbeitet worden sind oder die historisch bedeutend sind, kann oftmals das Doppelte des üblichen Wertes betragen.

Als das Manuskript für dieses Werk erstellt und die erste Auflage dieses Buches in Druck ging (1958), gab es noch keine gesicherten Marktpreise, so daß auf die Werte aus der Vorkriegszeit zurückgegriffen werden mußte. Im Jahre 1932 lagen die Spitzenpreise in Japan zwischen 20.000,- und 30.000,- Yen, das entsprach zum damaligen Wechselkurs etwa 5.000,- bis 7.500,- US-Dollar. Die betreffenden Schwerter waren durchweg zwischen 600 und 1.000 Jahre alt, sie waren von beträchtlichem historischen Wert und fielen praktisch alle in die Kategorie der nationalen Kunstschätze. Andererseits konnten japanische Offiziere vor dem 2. Weltkrieg gute Samuraischwerter kaufen, die zwischen 150 und 300 Jahre alt waren und die für Preise zwischen 150 und 300 Yen (40,- bis 75,- US-Dollar) angeboten wurden. Mittlerweile sind die Preise für japanische Schwerter sehr stark gestiegen. Auskünfte über die derzeitige Marktpreissituation erteilt der Fachhandel, außerdem gibt es natürlich aussagekräftige Preislisten und Auktionskataloge von verschiedenen Firmen. Auch auf den großen deutschen Sammlerbörsen sind immer in- und ausländische Händler vertreten, die auf japanische Blankwaffen spezialisiert sind.

Der Wert der Montierungen muß getrennt vom Wert der Klinge betrachtet werden. Bei vielen Schwertern bestehen tsuba und die Schwertzierrate (menuki) aus Gold und Silber, allerdings ist der Edelmetallwert dieser Teile zweitrangig. Der eigentliche Wert liegt in ihrer kunsthandwerklichen Ausführung. Einige dieser Teile werden aufgrund ihrer hervorragenden kunsthandwerklichen Arbeit mit drei- oder vierstelligen Preisen bewertet.

9

Bewertung nach Punkten

In einem Handbuch wie diesem ist es unmöglich, die Namen aller bekannten Schwertschmiede aufzuzählen. In Japan sind allein über dieses Thema unzählige Bücher veröffentlicht worden. Hier sollen nur die Arbeiten der bekannteren Schwertschmiede von ihrem Wert her verglichen werden. Eine ganze Reihe von unterschiedlichen Faktoren macht es unmöglich, die Arbeiten der verschiedenen Schmiede nach den Gesichtspunkten „gut“, „sehr gut“, „ausgezeichnet“ usw. zu vergleichen und den Wert ihrer Erzeugnisse vielleicht sogar in unterschiedlichen Preisen auszudrücken. In der nachfolgenden Liste wird dieser Versuch deshalb auch gar nicht gemacht, sie dient lediglich als Hilfe zum Vergleich der einzelnen Schwerter.

Die angegebene Punktebewertung gilt für Klingen, die mehr als zwei shaku (über 60 cm) lang sind, sie bezieht sich auf normale Montierungen ohne übermäßigen Zierrat und auf Waffen in fehlerfreiem Zustand. Der Begriff „fehlerfrei“ gilt besonders für die Politur. Schwerter, deren Klinge kürzer als zwei shaku, aber länger als ein shaku sind, können mit der

Hälfte der hier angegebenen Punktezahl bewertet werden. Wenn die Klingenlänge unter einem shaku liegt, dann gilt ungefähr ein Drittel der angegebenen Punktezahl. Für Schwerter mit fehlerhaften (zum Beispiel angerosteten) Klingen oder fehlenden Beschriftungen oder mit mangel- oder fehlerhaften Montierungen sind entsprechende Punktabzüge vorzunehmen. Bei Waffen mit besonders aufwendiger oder wertvoller Montierung kann sich folglich eine bessere Bewertung ergeben.

Die Punktebewertung wurde vom Autor anhand der vergleichenden Bewertung der jeweiligen Schmiede errechnet, wobei unter anderem Auktionsergebnisse, Preislisten, Kataloge usw. mit zur Berechnung herangezogen wurden. Dabei darf nicht vergessen werden, daß die Punktebewertung relativ ist. So ist zum Beispiel ein perfekt gearbeitetes Schwert von Akihiro mit der Punktebewertung 100 nur halb so viel wert wie ein gleichartiges Schwert von Choen, das mit 200 Punkten bewertet wird. Das gilt entsprechend für jeden anderen in dieser Liste aufgeführten Schmied. Besondere Teile der Montierung wie zum Beispiel die tsuba haben einen eigenen Marktwert, der unabhängig vom Klingenwert ist.

Arabische Zahlen hinter dem Schmiedenamen zeigen an, daß mehrere Schmiede gleichen Namens zur ungefähr gleichen Zeit in dieser Provinz gearbeitet haben. So gab es zum Beispiel sechs Schmiede mit dem Namen Kanenaga in der Provinz Mino. Zwei weitere arbeiteten in Hoki, zwei in Iwami, drei in Bizen, einer in Settsu, einer in Tamba, einer in Hizen, einer in Satsuma usw. Die Ausführung ihrer Arbeiten war durchaus unterschiedlich.

Wenn Sie also ein japanisches Schwert besitzen und wissen, daß sein Hersteller ein Schmied namens Kanenaga war, ohne daß sie in der Lage sind, die Schriftzeichen auf der Angel genau zu deuten, dann kommen eine ganze Reihe von Schmieden gleichen Namens in Frage. Siebzehn Schmiede mit Namen Kanenaga benutzten für ihren Namen die gleichen Schriftzeichen, sechs weitere Kanenaga schrieben ihren Namen mit anderen Zeichen, weitere vierzehn benutzten wiederum abweichende Schriftzeichen, siebzehn Kanenaga benutzten gemeinsam noch andere Zeichen, und ein weiterer Kanenaga ist bekannt, der seinen Namen auf eine weitere abweichende Weise schrieb. Alle diese Schmiede lebten zwischen 1200 und 1850.

Bestimmte Schmiedenamen, die auf zwei unterschiedliche Weisen geschrieben werden konnten, sind in der Liste zweimal aufgeführt.

Die angegebene Jahreszahl bezieht sich auf das Jahr, in dem der jeweilige Schmied auf dem Höhepunkt seines Schaffens stand.

Name des Schmiedes			Provinz	Jahr	Bewertung
Akihiro	秋 廣	2	Sagami	1299	100
Akikazu	誠 和		Bizen	Neuzeit	5
Akikuni	顯 國		Nagato	1362	100
Akiyoshi	顯 吉		Nagato	1384	35
Akizane	章 實		Bizen	1207	150
Akizane	明 眞		Yamashiro	1596	15
Amafuji	天 藤		Yamato	750 ?	500
Amakuni	天 國		Yamato	700 ?	600
Arikuni	有 國		Yamashiro	1028 ?	14
Arimasa	有 正		Mutsu	970 ?	170
Arimitsu	有 光		Bizen	1394	15
Arinari	有 成		Kôchi	1012 ?	190
Aritsune	有 常		Shinano	1356	25
Asasuke	朝 助		Bizen	1184	150
Asatada	朝 忠		Mimasaku	1184	150
Asataka	朝 尊		Yamashiro	1818	10
Bokuden	卜 傳		Hitachi	1624	10
Chikafusa	近 房		Bizen	1220	150
Chikakage	近 景		Bizen	1318	130
Chikakane	近 包		Bizen	1184	145
Chikamura	近 村		Bizen	1303	130
Chikatada	近 忠		Bizen	1212	145
Chikatsugu	親 次	2	Bitchû	1278	140
Chôen	長 圓		Bungo	1184	200
Chôkichi Nagayoshi	長 吉		Yamashiro	1334	75
Chôkô Nagayuki	長 幸		Settsu	1658	30
Enshin	圓 眞		Tokio	1870	5
Enshin	圓 眞		Tokio	Neuzeit	5
Fujiie	藤 戸		Yamato	800 ?	190
Fuyuhiro	冬 廣		Wakasa	1444	10

Name des Schmiedes			Provinz	Jahr	Bewertung
Fuyuhiro	冬 廣		Wakasa	1661	10
Gassan	月 山		Uzen	1190 ?	90
Gisuke	義 助		Suruga	1444	10
Hankei	繁 慶		Musashi	1673	40
Harukuni	治 國		Settsu	1688	10
Hidechika	秀 近		Bizen	1350	35
Hidekage	秀 景		Bizen	1356	50
Ilidemitsu	秀 光		Bizen	1384	30
Ilidemori	秀 守		Bizen	1361	30
Hidenaga	秀 長		Izu	1428	15
Hidenori	秀 則		Bizen	1394	10
Hidesane	秀 實		Bizen	1350	50
Hidesuke	秀 助		Bizen	1384	25
Hidetsugu	秀 次		Bizen	1335	60
Hideyo	秀 世		Musashi	1844	10
Hideyoshi	英 義		Musashi	1844	10
Hirokane	弘 包		Yamato	1661	5
Hirokuni	廣 國		Aki	1688	5
Hiromasa	廣 正		Sagami	1375	15
Hiromasa	廣 政		Settsu	1683	10
Hiromitsu	廣 光	4	Sagami	1350	95
Hiromura	弘 村		Higo	1288 ?	140
Hironobu	廣 宣		Mino	1661	5
Hironobu	廣 信		Yamashiro	1684	5
Hiroshige	廣 重		Musashi	1684	5
Hiroshige	廣 重		Tôtômi	1684	5
Hirotaka	汎 隆		Chikuzen	1658	10
Hirotaka	廣 隆		Aki	1661	5
Hirotaka	廣 高		Settsu	1673	5
Hirotaka	廣 隆		Settsu	1804	5
Hirotsugu	廣 次		Sagami	1368	15
Hirotsune	廣 恒		Bizen	1234 ?	125

Name des Schmiedes		Provinz	Jahr	Bewertung
Hiroyasu	弘 安	Chikuzen	1336	60
Hiroyuki	弘 幸	Yamashiro	1624	15
Hisakuni	久 國	Yamashiro	1199	195
Hisakuni	久 國	Tosa	1624	10
Hisakatsu	久 勝	Suô	Neuzeit	5
Hisamichi	久 道	Yamashiro	1688	10
Hisamitsu	久 光	Bizen	1387	15
Hisanobu	久 信	Yamashiro	1384	25
Hisatsugu	久 次	Bizen	1384	15
Hisayuki	久 幸	Musashi	1818	10
Hôju	寶 壽	Mutsu	1326	130
Ichijô	一 乘 4	Bingo	1394	50
Iemune	家 宗	Sagami	1329	60
Ienaga	家 永	Chikuzen	1504	20
Iesada	家 貞	Bizen	1345	45
Iesuke	家 助	Bizen	1350	25
Iesuke	家 助	Bizen	1394	75
Iesuke	家 助	Bizen	1394	15
Ietada	家 忠	Kaga	1615	5
Ietsugu	家 次	Bitchû	1210 ?	110
Ietsugu	家 次	Nagato	1661	5
Ippô	一 峯	Musashi	1684	10
Jinsoku	神 息	Buzen	987 ?	500
Jôshû	定 秀	Bungo	1160 ?	205
Jukaku	壽 格	Imba	1818	10
Jumyô	壽 命	Mino	1243	35
Kaboku	加 卜	Musashi	1648	10
Kagehide	景 秀	Bizen	1256	140
Kagehira	景 平	Kaga	1661	5
Kagekuni	景 國	Yamashiro	1222	150
Kagemasa	景 政	Bizen	1329	70
Kagemitsu	景 光	Bizen	1321	140

Name des Schmiedes			Provinz	Jahr	Bewertung
Kagemitsu	景 光		Kaga	1362	15
Kagenaga	景 長	4	Inaba	1303	130
Kagenori	景 則		Bizen	1280 ?	115
Kageyasu	景 安		Bizen	1280	130
Kageyori	景 依	2	Bizen	1280 ?	125
Kaneaki	兼 明		Tôtômi	1394	10
Kaneaki	包 明		Yamato	1688	5
Kanechika	包 近		Bizen	1220	150
Kaneharu	兼 春		Kaga	1661	5
Kanehira	包 平		Bizen	1074	205
Kanehiro	兼 廣		Hizen	1661	5
Kanehisa	兼 久		Mino	1368	15
Kanekage	兼 景		Mino	1345	15
Kanekage	兼 景		Mino	1688	5
Kanekiyo	包 清		Yamato	1362	30
Kanekuni	包 國		Yamato	1319	40
Kanckuni	兼 國		Yamato	1368	35
Kanekuni	包 國		Yamato	1596	10
Kanekuni	包 國		Harima	1688	5
Kanekuni	包 國		Yamato	1774	5
Kanekura	金 藏		Mino	1681	5
Kanemaki	兼 巻		Kaga	1624	5
Kanemichi	包 道		Bizen	1220	150
Kanemichi	金 道	10	Yamashiro	1592	5
Kanemichi	兼 道		Yamashiro	1661	5
Kanemitsu	兼 光		Mino	1352	15
Kanemitsu	兼 光	2	Bizen	1356	130
Kanemitsu	兼 光		Mimasaku	1684	5
Kanemori	包 保		Settsu	1600	10
Kanemori	包 保		Settsu	1661	10
Kanemoto	兼 基		Mino	1444	45
Kanemoto	兼 元		Mino	1457	50

Name des Schmiedes			Provinz	Jahr	Bewertung
Kanemoto	兼 元		Mino	1624	5
Kanemune	包 宗		Yamato	1661	5
Kanenaga	兼 永		Yamashiro	1087	145
Kanenaga	包 永	4	Yamato	1288	145
Kanenaga	兼 長		Bizen	1346	95
Kanenaga	兼 長		Mino	1362	15
Kanenaga	兼 永		Mino	Neuzeit	5
Kanenobu	兼 延		Mino	1317	30
Kanenobu	兼 信		Mino	1352	30
Kanenobu	兼 信		Mino	1652	5
Kanenori	包 則		Echigo	1661	5
Kanenori	包 則		Musashi	Neuzeit	5
Kaneô	金 王		Yamato	1189 ?	100
Kanesada	包 貞		Yamato	1345	50
Kanesada	兼 定		Mino	1467	50
Kanesada	兼 定		Iwashiro	1624	5
Kanesada	包 定		Yamato	1661	5
Kanesada	兼 定		Mino	1673	5
Kanesada	包 貞		Settsu	1673	10
Kanesaaa	兼 貞		Mino	1681	5
Kanesada	兼 定		Iwashiro	1865	5
Kanesaki	兼 先		Inaba	1596	5
Kanesane	包 眞		Yamato	1362	35
Kaneshige	金 重	2	Mino	1319	100
Kaneshige	兼 重		Bizen	1334	100
Kaneshige	包 重		Settsu	1661	10
Kaneshige	兼 重		Musashi	1661	10
Kaneshige	金 重		Yamato	1804	5
Kanesue	包 末		Bizen	1220	150
Kanesuke	包 助		Bizen	1220	150
Kanesuke	包 助		Yamato	1362	30
Kanetomo	兼 友		Mino	1336	50

Name des Schmiedes		Provinz	Jahr	Bewertung
Kanetora	兼虎	Shinano	1865	5
Kanetoshi	包利	Yamato	1365	95
Kanetoshi	兼利	Mino	1375	15
Kanetsugu	包次 3	Yamato	1317	90
Kanetsugu	兼次	Mino	1368	15
Kanetsugu	兼繼	Mino	1368	15
Kanetsuna	包綱	Settsu	1624	5
Kanetsune	兼常	Mino	1394	10
Kanetsune	兼常	Musashi	1684	5
Kaneuji	兼氏	Mino	1320	160
Kanewaka	兼若	Kaga	1596	10
Kaneyasu	兼安	Bingo	1356	25
Kaneyoshi	兼吉	Mino	1400 ?	40
Kaneyoshi	包吉	Rikuzen	1624	5
Katsuie	勝家	Kaga	1624	5
Katsukuni	勝國	Kaga	1596	10
Katsumitsu	勝光	Bizen	1429	15
Katsuyoshi	勝吉	Ise	1624	5
Kazuhide	一秀	Uzen	1818	5
Kijû	紀充	Yamato	1688	5
Kikusaku	菊作	Yamashiro	1220	300
Kinjû / Kaneshige	金重	Mino	1319	100
Kiyofusa	清房	Sanuki	1300	30
Kiyohide	清秀	Chikuzen	1818	5
Kiyohira	清平	Sagami	1658	10
Kiyohira	清平	Nagato	1716	5
Kiyokata	清方	Satsuma	1744	5
Kiyomitsu	清光	Bizen	1504	15
Kiyomitsu	清光	Kaga	1661	5
Kiyomaro	清麿	Musashi	1830	35
Kiyondo	清人	Musashi	1861	10

Name des Schmiedes			Provinz	Jahr	Bewertung
Kiyonobu	清信		Settsu	1661	5
Kiyonori	清則		Bizen	1394	15
Kiyosada	清貞		Suô	1345	25
Kiyosuke	清左		Satsuma	1488	10
Kiyotsuna	清綱	3	Suô	1335	35
Kiyozane	清眞		Nagato	1331	10
Korekazu	是一		Musashi	1661	10
Korekazu	是一		Musashi	1861	10
Koresuke	是助		Bizen	1264	150
Kortoshi	是俊		Uzen	1861	5
Kotetsu	虎徹		Musashi	1661	70
Kunifusa	國房		Etchû	1394	15
Kunifusa	國房		Iyo	1624	5
Kunihide	國秀		Musashi	1818	10
Kunihira	國平		Settsu	1673	5
Kunihira	國平		Kaga	1688	5
Kunihira	國平		Satsuma	1711	10
Kunihiro	國廣		Sagami	1329	115
Kunihiro	國弘		Chikuzen	1358	100
Kunihiro	國廣		Yamashiro	1596	100
Kunihiro	國廣		Iyo	1624	5
Kunihisa	國久		Yamashiro	1345	55
Kuniie	國家		Yamashiro	1184	150
Kunikane	國包		Bizen	1219	170
Kunikane	國包		Rikuzen	1661	10
Kunikane	國包		Rikuzen	1688	5
Kunikane	國包		Rikuzen	1704	5
Kunikiyo	國清		Yamashiro	1207	150
Kunikore	國維		Iyo	1661	5
Kunimasa	國富		Hyûga	1681	5
Kunimisa	國正		Higo	1381	15
Kunimasa	國改		Yamashiro	1624	10

Name des Schmiedes			Provinz	Jahr	Bewertung
Kunimasa	國正		Musashi	1688	5
Kunimasa	國方		Ôsumi	1716	5
Kunimichi	國路		Yamashiro	1661	25
Kunimichi	國路		Yamashiro	1688	10
Kunimitsu	國光		Yamashiro	1249	120
Kunimitsu	國光	3	Sagami	1278	145
Kunimitsu	國光		Yamashiro	1328	145
Kunimitsu	國光		Bitchû	1352	25
Kunimitsu	國光	2	Tajima	1365	100
Kunimitou	國光		Musashi	1684	5
Kunimori	國盛		Mikawa	1394	15
Kunimori	國護		Musashi	Neuzeit	5
Kunimune	國宗	2	Bizen	1230	130
Kunimune	國宗		Etchû	1368	15
Kunimune	國宗		Echizen	1624	5
Kunimura	國村		Higo	1356	120
Kuninaga	國永		Yamashiro	1328	145
Kuninaga	國長	3	Settsu	1329	100
Kuninaga	國長		Echizen	1334	25
Kuninaga	國長		Yamashiro	1362	45
Kuninobu	國信		Yamashiro	1352	100
Kuninobu	國信		Higo	1329	70
Kunisada	國貞		Iyo	1342	25
Kunisada	國貞		Settsu	1624	15
Kunisada Shinkai	國貞		Settsu	1673	45
Kunisada	國貞		Settsu	1688	15
Kunishige	國重	3	Yamashiro	1334	115
Kunishige	國重		Kôzuke	1368	25
Kunishige	國重		Bitchû	1661	15
Kunishige	國重		Bitchû	1661	10
Kunishige	國重		Settsu	1673	5

Name des Schmiedes			Provinz	Jahr	Bewertung
Kunisue	國末		Yamashiro	1293	125
Kunisukc	國資	2	Higo	1380	95
Kunisuke	國助		Settsu	1624	10
Kunisuke	國助		Settsu	1661	10
Kunisuke	國助		Settsu	1673	10
Kunisuke	國助		Musashi	1688	5
Kunitada	國忠		Izumi	Neuzeit	5
Kunitake	國武		Yamashiro	1624	5
Kuniteru	國輝		Iyo	1661	5
Kuniteru	國輝		Settsu	1681	15
Kunitoki	國時	2	Higo	1339	125
Kutiltomo	國儔		Yamashiro	1655	35
Kunitomo	國友		Yamashiro	1199 ?	185
Kunitora	國虎		Settsu	1688	5
Kunitoshi	國俊	3	Yamashiro	1293	150
Kunitoshi	國俊		Tamba	1469	95
Kunitoshi	國俊		Settsu	1870	5
Kunitsugu	國次		Yamashiro	1311	150
Kunitsugu	國次		Kii	1384	25
Kunitsugu	國次		Etchû	1394	10
Kunitsugu	國次		Mino	1460	15
Kunitsugu	國次		Echizen	1615	5
Kunitsugu	國次		Musashi	1661	5
Kunitsugu	國次		Yamashiro	1624	5
Kunitsugu	國次		Musashi	1624	5
Kunitsuna	國綱		Yamashiro	1213	170
Kunitsuna	國綱	2	Higo	1357	70
Kunitsuna	國綱		Bizen	1362	35
Kunitsuna	國經		Higo	1368	35
Kunitsuna	國綱		Settsu	1681	5
Kuniyasu	國安		Yamashiro	1207	170
Kuniyasu	國安		Yamashiro	1220	95

Name des Schmiedes			Provinz	Jahr	Bewertung
Kuniyasu	國 泰	2	Higo	1310	100
Kuniyasu	國 安		Echizen	1352	25
Kuniyasu	國 奏		Higo	1394	10
Kuniyasu	國 安		Echizen	1394	10
Kuniyasu	國 安		Iwashiro	1615	10
Kuniyasu	國 安		Yamashiro	1661	35
Kunlyasu	國 康		Settsu	1688	10
Kuniyasu	國 安		Tôtômi	1818	10
Kuniyoshi	國 吉		Yamashiro	1247	145
Kuniyoshi	國 吉		Higo	1329	115
Kuniyoshi	國 義		Settsu	1661	5
Kuniyoshi	國 吉		Musashi	1764	5
Kuniyuki	國 行	2	Yamato	1248 ?	130
Kuniyuki	國 行	4?	Yamashiro	1293	150
Kuniyuki	國 幸		Settsu	1624	5
Kunizane	國 實		Tamba	1303	30
Kunizane	國 眞		Yamashiro	1312	85
Masaaki	正 明		Musashi	1861	10
Masachiki	正 近		Bingo	1375	15
Masafusa	正 房		Satsuma	1648	10
Masahide	正 秀		Musashi	1804	25
Masahiro	正 廣		Bingo	1332	40
Masahiro	正 廣		Sagami	1375	15
Masahiro	正 廣		Hizen	1624	10
Masahiro	正 弘		Musashi	1658	10
Masahiro	正 廣		Hizen	1661	5
Masahiro	正 弘		Yamashiro	1661	15
Masahiro	正 廣		Hôki	1688	5
Masahiro	政 弘		Tôtômi	Neuzeit	5
Masaie	正 家	5	Bingo	1324	115
Masaie	政 家		Bingo	1338	35
Masaie	正 家		Bingo	1394	35

Name des Schmiedes		Provinz	Jahr	Bewertung
Masakane	正 包	Hidachi	Neuzeit	5
Masakatsu	正 勝	Musashi	1661	5
Masakatsu	正 勝	Mito	Neuzeit	5
Masakiyo	方 清	Nagato	1688	5
Masakiyo	正 清	Satsuma	1711	35
Masakuni	正 國	Tamba	1350 ?	160
Masakuni	正 國	Higo	1596	5
Masamitsu	正 光	Yamashiro	1381	35
Masamori	正 守	Shimozuke	1624	5
Masamune	正 宗	Sagami	1326	300
Masamune Daruma	正 宗	Yamashiro	1352	60
Masamune	正 宗	Bingo	1362	25
Masamune	政 宗	Bingo	1455	15
Masanaga	正 永	Echizen	1394	15
Masanaga	政 長	Iwashiro	1624	5
Masanaga	正 永	Hizen	1624	5
Masanari	正 成	Bizen	1624	5
Masanobu	正 信	Echigo	1356	50
Masanori	正 則	Echizen	1652	5
Masanori	正 則	Satsuma	1716	5
Masatiori	將 應	Musashi	1789	5
Masao	正 雄	Musashi	1861	10
Masashige	正 重	Ise	1384	30
Masashige	正 繁	Harima	1716	10
Masashige	正 重	Ise	1661	5
Masashige	政 重	Hizen	Neuzeit	5
Masatomo	正 全	Owari	1661	5
Masatoshi	正 俊	Ise	1368	25
Masatoshi	正 俊	Yamashiro	1596	15
Masatoshi	正 俊	Yamashiro	1661	5
Masatsugu	正 次	Satsuma	1661	5

Name des Schmiedes			Provinz	Jahr	Bewertung
Masatsugu	正 次		Musashi	1844	10
Masatsugu	正 次		Musashi	Neuzeit	5
Masatsuna	正 綱		Settsu	1624	5
Masatsune	正 恒	2	Bizen	1100 ?	205
Masatsune	政 常		Owari	1615	10
Masatsune	政 常		Owari	1624	10
Masayoshi	正 義		Musashi	1861	15
Masayoshi	正 吉		Musashi	1870	5
Masayoshi	正 幸		Satsuma	1789	10
Masazane	正 眞		Ise	1368	15
Masazane	正 眞		Bingo	1394	10
Masazane	正 眞		Yamato	1596	5
Michinaga	道 長		Iwashiro	1661	5
Mitsuchika	光 近		Bizen	1368	35
Mitsuhira	光 平		Musashi	1648	10
Mitsuhiro	光 弘		Bizen	1368	25
Mitsukage	光 景		Bizen	1384	30
Mitsukane	光 包		Ômi	1308	115
Mitsumasa	光 昌		Chikuzen	1681	5
Mitsumasa	光 將		Owari	1716	5
Mitsushige	光 重		Yamashiro	1330	110
Mitsutada	光 忠		Bizen	1238	170
Mitsutoshi	光 俊		Tajima	1394	10
Mitsutsugu	光 次		Bitchû	1303 ?	80
Morihide	盛 秀		Nagato	1804	5
Morichika	盛 近		Bizen	1362	30
Morifusa	盛 房		Mikawa	1688	5
Morihisa	守 久		Bizen	1361	30
Moriie	守 家		Bizen	1232	145
Morikage	盛 景		Bizen	1356	70
Morikage	守 景		Bizen	1362	45
Morikuni	盛 國		Chikuzen	1288	35

Name des Schmiedes			Provinz	Jahr	Bewertung
Morikuni	盛 國		Musashi	1661	10
Morikuni	護 國		Aki	Neuzeit	5
Morimasa	守 正		Kai	1624	5
Morimichi	盛 道		Owari	1661	5
Morimichi	盛 道		Owari	1681	5
Morimitsu	守 光		Bizen	1394	15
Morimitsu	盛 光		Bizen	1394	60
Morinaga	盛 永		Musashi	1661	5
Morinori	盛 則		Bizen	1394	15
Morishige	盛 重		Bizen	1308	35
Morisuke	守 助		Bizen	1352	30
Morisuke	守 助		Ômi	1394	10
Moritaka	盛 高	3	Chikuzen	1293	70
Moritoshi	盛 俊		Aki	Neuzeit	5
Moritsugu	守 次		Bitchû	1151	140
Moritsuna	守 縄		Hôki	990 ?	150
Moritsuna	盛 綱		Chikuzen	1278	45
Moriyoshi	守 吉		Etchû	1361	45
Moriyuki	守 行		Bizen	1335	60
Moriyuki	盛 行		Hizen	1596	5
Morokage	師 景		Bizen	1394	25
Moromitsu	師 光		Bizen	1394	50
Morozane	師 實		Bizen	1220	150
Morozane	師 實		Bizen	1368	45
Motochika	基 近		Bizen	1278	115
Motohira	元 平		Satsuma	1789	25
Motohiro	元 寛		Satsuma	1818	5
Motomasa	基 政		Bizen	1356	50
Motomitsu	基 光		Bizen	1380 ?	100
Motomune	元 宗		Bizen	1356	45
Motooki	元 興		Iwashiro	1804	5
Motosada	元 貞		Satsuma	1684	5

Name des Schmiedes		Provinz	Jahr	Bewertung
Motoshige	元重	Bizen	1304	140
Mototake	元武	Satsuma	1789	10
Mototsugu	基次	Sagami	1375	35
Mototsuna	基綱	Bizen	1352 ?	60
Motoyasu	元安	Tôtômi	1394	15
Motoyasu	元安	Satsuma	1789	5
Motoyuki	本行	Hizen	1661	5
Motozane	元眞	Chikugo	1074 ?	170
Munechika	宗近	Yamashiro	987 ?	300
Munechika	宗近	Iga	1334	70
Munehiro	宗寛	Musashi	1865	10
Munemitsu	宗光	Bizen	1324	45
Munemitau	宗光	Bizen	1469	15
Munenaga	宗長	Bizen	1222	130
Munenaga	宗長	Settsu	1375	25
Munenaga	宗長	Hyûga	1596	5
Munenaga	宗長	Hizen	1596	15
Munenaga	宗長	Hyûga	1596	5
Munenori	宗則	Bizen	1350 ?	35
Muneshige	宗重	Settsu	1661	5
Muneshige	宗重	Harima	1661	5
Munetada	宗忠	Tango	1334 ?	170
Munetaka	宗隆	Hôki	1207	150
Munetaka	宗隆	Iga	1362	35
Munetô	宗遠	Bitchû	1230 ?	145
Munetsugu	宗次	Hizen	1615	5
Munetsugu	宗次	Musashi	1830	15
Muneyasu	宗安	Bizen	990 ?	170
Muneyoshi	宗吉	Bizen	1220	170
Muneyoshi	宗榮	Harima	1661	10
Muneyuki	統行 2	Bungo	1596	5
Muramasa	村正	Ise	1362	85

Name des Schmiedes			Provinz	Jahr	Bewertung
Muramasa III	村 正		Ise	1429	15
Myôju	明 壽		Yamashiro	1596	70
Nagakuni	長 國		Iyo	1661	5
Nagamichi	長 道		Iwashiro	1661	10
Nagamitsu	長 光	4	Bizen	1270	150
Nagamitsu II	長 光		Bizen	1288	140
Nagamitsu III	長 光		Bizen	1334	25
Nagamitsu	長 光		Yamashiro	1360 ?	55
Nagamori	長 守		Bizen	1317	60
Nagamori	長 盛		Bungo	1441	15
Nagamune	長 旨		Musashi	1673	15
Nagamune	長 宗		Musashi	1673	10
Naganao	長 直		Bizen	1362	70
Naganobu	長 信		Musashi	1830	10
Naganori	長 則		Bizen	1300 ?	90
Naganori	長 則		Bizen	1317	55
Nagashige	長 重		Bizen	1334	85
Nagasuke	長 助		Bizen	1220	150
Nagatsuna	長 綱		Bizen	1335	70
Nagatsuna	長 綱		Settsu	1661	5
Nagayoshi	長 吉		Yamashiro	1334	75
Nagayoshi	長 義		Bizen	1352	140
Nagayoshi	長 吉		Echigo	1362	35
Nagayoshi	長 吉		Yamashiro	1661	5
Nagayuki	長 幸		Settsu	1658	30
Naohide	直 秀		Musashi	1868	5
Naokatsu	直 勝		Musashi	1830	15
Naokatsu	直 勝		Musashi	1861	10
Naomichi	直 道		Yamashiro	1661	5
Naomune	直 宗		Bizen	1190	140
Naotane	直 胤		Musashi	1818	15
Naotsuna	直 綱	4	Iwami	1334	100

Name des Schmiedes		Provinz	Jahr	Bewertung
Nariie	成 家	Bizen	1352	35
Narimune	成 宗	Bizen	1199	130
Nichijô	日 乘	Bizen	1384	15
Nobufusa	信 房	Bizen	1069	205
Nobufusa	延 房	Bizen	1207	180
Nobufusa	信 房	Bizen	1220 ?	170
Nobufusa	信 房	Tôtômi	1596	5
Nobufusa	延 房	Owari	1681	5
Nobuie	信 舎	Owari	1772	5
Nobuhide	信 秀	Musashi	1861	10
Nobuhide	信 秀	Settsu	Neuzeit	5
Nobuhisa	信 久	Yamashiro	1368	35
Nobukane	信 包	Bizen	1219	30
Nobukane	信 包	Yamashiro	1368	75
Nobukuni	信 國	Yamashiro	1334	85
Nobukuni	信 國	Yamashiro	1394	45
Nobumasa	信 正	Bizen	1219	150
Nobumitsu	信 光	Bizen	1292	115
Nobumitsu	信 光	Chikuzen	Neuzeit	5
Nobunaga	信 長	Kaga	1394	15
Nobushige	信 重	Echigo	1381	15
Nobushige	宣 繁	Hizen	Neuzeit	5
Nobutaka	信 高	Owari	1615	10
Nobuteru	信 照	Owari	1688	5
Nobuyoshi	延 吉	Yamato	1317	70
Nobuyoshi	延 吉	Yamashiro	1688	5
Norifusa	則 房	Mimasaku	1334	140
Norifusa	則 房	Etchû	1624	5
Norihiro	則 弘	Yamato	1249	115
Norihiro	則 廣	Tamba	1684	5
Norikuni	則 國	Yamashiro	1222	180
Norikuni	則 國	Yamashiro	1661	5

Name des Schmiedes		Provinz	Jahr	Bewertung
Norimune	則 宗	Bizen	1184	210
Norimitsu	則 光	Bizen	1312	50
Norimitsu	則 光	Bizen	1394	15
Norimitsu	法 光	Bizen	1394	15
Norinaga	則 長 3?	Yamato	1320 ?	85
Norinari	則 成	Yamato	1312	90
Norisada	則 定	Yamashiro	1684	5
Norisada	則 定	Chikuzen	Neuzeit	5
Norishige	則 重	Etchû	1324	150
Norisue	則 末	Higo	1345	30
Noritaka	則 高	Bitchû	1184	145
Noritoshi	則 利	Etchû	1673	5
Noritsugu	則 次	Bizen	1210	150
Norizane	則 實	Bitchû	1190	150
Okihisa	興 久	Musashi	1615	15
Okimasa	興 正	Musashi	1681	45
Okinao	興 直	Musashi	1673	15
Rikiô	力 王	Yamato	1200 ?	100
Ryôkai	了 戒	Yamashiro	1288	110
Sa (Monji)	左	Chikuzen	1335	150
Sairen	西 蓮	Chikuzen	1307	140
Sadahide / Jôshû	定 秀	Bungo	1160 ?	205
Sadahide	貞 秀	Musashi	1830	5
Sadahide	貞 秀	Settsu	1865	5
Sadahiro	貞 弘	Chikuzen	1381	15
Sadahiro	定 廣	Owari	1716	5
Sadakane	貞 包	Tamba	Neuzeit	5
Sadakatsu	貞 勝	Settsu	Neuzeit	5
Sadakazu	貞 一	Settsu	1834-1918	15
Sadakiyo	貞 清	Ôsumi	1317	35
Sadakiyo	貞 清	Yamato	1323	90

Name des Schmiedes			Provinz	Jahr	Bewertung
Sadakiyo	貞 清		Musashi	1684	5
Sadakuni	貞 國		Etchû	1362 ?	100
Sadakuni	貞 國		Echizen	1624	15
Sadamitsu	貞 光		Yamashiro	1365	85
Sadamune	貞 宗		Yamato	1318	145
Sadamune	貞 宗		Sagami	1331	160
Sadanori	定 則		Bizen	1144	150
Sadanori	貞 則		Settsu	1673	10
Sadaoki	貞 興		Yamato	1364	60
Sadashige	定 重		Mino	1661	5
Sadasuke	定 助		Bizen	1184	140
Sadatoshi	定 俊	2?	Yamashiro	1264	145
Sadatoshi	貞 俊		Rikuzen	1865	5
Sadatsugu	貞 次	4	Bitchû	1207	170
Sadatsugu	定 次		Yamashiro	1342	35
Sadatsugu	貞 次		Settsu	1661	5
Sadatsugu	貞 次		Iyo	Neuzeit	10
Sadatsuna	貞 綱		lwami	1346	35
Sadayoshi	貞 吉		Yamato	1317	125
Sadayoshi	貞 吉		Chikuzen	1363	100
Sadayoshi	貞 吉		Settsu	1865	5
Sadayoshi	貞 吉		Echigo	Neuzeit	5
Sadayuki	貞 行		Chikuzen	1361	50
Sadayuki	貞 行		Bungo	1661	5
Sadayuki	貞 行		Musashi	1684	5
Sanea	實 阿		Chikuzen	1328	90
Sanefusa	眞 房		Bizen	1220	150
Sanefusa	眞 房		Bizen	1319	50
Sanekage	眞 景		Kaga	1368	95
Sanekage	眞 景		Bizen	1384	25
Sanekiyo	眞 清		Yamashiro	1100 ?	80
Sanemasa	實 昌		Hyûga	1368	25

Name des Schmiedes			Provinz	Jahr	Bewertung
Sanemitsu	眞光		Bizen	1250	100
Sanemori	眞守		Hôki	950 ?	205
Sanemori	眞守		Bizen	1288	50
Sanemoto	眞元		Noto	1368	15
Sanenaga	眞長	2	Bizen	1273	140
Sanenari	實成		Bizen	1050 ?	195
Sanenori	眞則		Izumo	1222	45
Saneo	眞雄		Shinano	1818	10
Sanesada	眞貞		Bizen	1256 ?	95
Sanetada	實忠		Bizen	1394	15
Sanetoshi	眞利		Yamashiro	1004 ?	170
Sanetoshi	眞利		Bitchû	1234	125
Sanetsugu	眞次		Bitchû	1220	125
Sanetsugu	實次		Kii	1368	70
Sanetsuna	眞縄		Hôki	980 ?	140
Sanetsuna	眞綱		Iwami	1394	15
Sanetsune	實經		Bizen	1220	150
Saneyuki	眞行		Bitchû	1368	45
Saneyuki	實行		Bungo	1673	5
Shigehiro	重弘		Yamato	1207	160
Shigehisa	重久		Yamato	1278	60
Shigeie	重家		Bizen	1368	15
Shigekane	重包		Chikuzen	1716	10
Shigekuni	重國		Yamashiro	1375	25
Shigekuni	重國		Kii	1615	35
Shigekuni	重國		Kii	1673	10
Shigemasa	盛昌		Musashi	1615	15
Shigemasa	鎮政		Bungo	1624	5
Shigemasa	鎮政		Iga	1624	5
Shigemitsu	重光		Yamato	1200 ?	50
Shigemitsu	重光		Yamashiro	1352 ?	85
Shigemitsu	重光		Bizen	1362	90

Name des Schmiedes		Provinz	Jahr	Bewertung
Shigemistu	繁 光	Chikuzen	Neuzeit	5
Shigetoshi	繁 壽	Suruga	1870	5
Shigetsugu	重 次	Yamashiro	1394	15
Shigetsugu	重 次	Yamashiro	1596	5
Shigetsugu	繁 繼	Musashi	Neuzeit	5
Shigeyoshi	重 義	Yamashiro	1624	15
Shigeyuki	重 行	Bungo	1673	5
Shigeyuki	重 行	Uzen	1789	5
Shigezane	重 眞	Bizen	1335	95
Shimosaka	下 坂	Echizen	1688	5
Shinkai	眞 改	Settsu	1673	45
Shinryô	眞 了	Settsu	1661	10
Sueyuki	末 行	Bitchû	1225 ?	85
Sukechika	助 近	Bizen	1238	130
Sukefusa	助 房	Bizen	1213	140
Sukehide	助 秀	Bizen	1050 ?	150
Sukehira	助 平	Bizen	1081	205
Sukehira	祐 平	Bizen	1804	5
Sukehiro	助 廣	Sagami	1317	50
Sukehiro	助 廣	Settsu	1624	30
Sukehiro	助 廣	Settsu	1673	45
Sukekado	右 門	Suô	1844	5
Sukekane	助 包	Settsu	1661	5
Sukekuni	助 國	Bizen	1322	110
Sukekuni	祐 國	Settsu	1661	5
Sukemasa	助 政	Hidachi	1830	5
Sukemasa	助 政	Awa	1684	5
Sukemitsu	祐 光	Bizen	1469	25
Sukemori	助 茂	Bizen	1330 ?	100
Sukemune	助 宗	Bizen	1199	170
Sukemune	助 宗	Echizen	1624	5
Sukemune	助 宗	Suruga	1673	5

Name des Schmiedes			Provinz	Jahr	Bewertung
Sukenaga	祐 永		Bizen	1830	5
Sukenao	助 直		Settsu	1688	35
Sukenao	助 直		Tosa	1848	5
Sukenobu	助 延		Bizen	1211	150
Sukenobu	助 信		Awa	1661	5
Sukenobu	助 信		Settsu	1673	5
Sukenori	則 則		Bizen	1213	150
Sukesada	祐 定		Bizen	1492	15
Sukesada Yosôzaemon	祐 定		Bizen	1504	35
Sukesada Hichibei no Jô	祐 定		Bizen	1624	10
Sukesada Ueno Daijô	祐 定		Bizen	1661	10
Sukeshige	助 重		Settsu	1673	15
Suketaka	助 高		Settsu	1688	10
Suketaka	助 隆		Settsu	1789	10
Suketomo	助 共		Hidachi	1861	5
Suketoshi	資 利	2	Izumi	1394	15
Suketsugu	助 次		Bitchû	1219	115
Suketsugu	助 次		Bizen	1330 ?	100
Suketsuna	助 綱		Sagami	1322	130
Sukeyoshi	助 吉		Bizen	1227	150
Sukeyoshi	祐 慶		Sagarni	1304 ?	130
Sukeyoshi	助 義		Bizen	1330	115
Sukezane	助 眞		Sagami	1249 ?	170
Tadahiro II	忠 廣		Hizen	1648	10
Tadahiro IV	忠 廣		Hizen	1741	5
Tadakiyo	忠 清		Hizen	1661	5
Tadakuni	忠 國		Hizen	1624	10
Tadakuni	忠 國		Yamashiro	1624	5
Tadakuni	忠 國		Hizen	1684	5

Name des Schmiedes		Provinz	Jahr	Bewertung
Tadakuni	忠 國	Hizen	1688	5
Tadasada	忠 貞	Izumo	1394	15
Tadashige	忠 重	Settsu	1661	5
Tadashige	忠 重	Satsuma	1688	10
Tadatsuna	忠 綱	Settsu	1624	10
Tadatsuna	忠 綱	Settsu	1688	15
Tadatsuna Ômi no Kami III	忠 綱	Settsu	1716	5
Tadayori	忠 依	Mino	1220	30
Tadayoshi I	忠 吉	Hizen	1624	50
Tadayoshi Mutsu III	忠 吉	Hizen	1661	30
Tadayoshi Ômi no Daijô IV	忠 吉	Hizen	1688	5
Tadayoshi	忠 吉	Hizen	1748	5
Tadayuki	忠 行	Settsu	1661	5
Tadayuki	忠 行	Settsu	1688	5
Takahira	高 平	Bizen	1081 ?	205
Takahira	高 平	Kaga	1596	10
Takahisa	高 久	Echizen	1661	5
Takakane	高 包	Bizen	1099	190
Takamichi	貴 道	Owari	1624	5
Takemitsu	武 光	Higo	Neuzeit	5
Tamehiro	爲 廣	Settsu	1661	5
Tamekiyo	爲 清 2?	Bizen	1099	115
Tametô	爲 遠	Bitchû	1150 ?	170
Tametsugu	爲 次	Bitchû	1211	100
Tametsugu	爲 繼	Etchû	1356	85
Tametsugu	爲 繼	Mino	1356	85
Tameyazu	爲 康	Kii	1624	10
Tameyoshi	爲 吉	Hôki	950 ?	170
Terufusa	昭 房	Awa	Neuzeit	5

Name des Schmiedes		Provinz	Jahr	Bewertung
Teruhide	照 秀	Musashi	1818	5
Teruhiro	輝 廣	Aki	1596	10
Teruhiro	輝 廣	Aki	1661	5
Teruhiro	輝 廣	Aki	1673	5
Terukane	照 包	Settsu	1661	15
Terumasa	輝 政	Iyo	1661	5
Terumori	昭 盛	Shimotsuke	Neuzeit	5
Terutomo	昭 友	Musashi	Neuzeit	5
Tôfuchi	外 藤	Mino	1334	145
Tôchika	遠 近	Bizen	1160 ?	150
Tokinaka	辰 仲	Chikuzen	1688	5
Tokukatsu	德 勝	Hidachi	1865	5
Tokurin	德 隣	Hidachi	1804	10
Tomohide	友 秀	Musashi	1624	5
Tomokiyo	友 清	Yamato	1319	125
Tomokuni	倫 國	Yamashiro	1312	90
Tomomitsu	友 光	Bizen	1345	40
Tomomitsu	友 光	Yamato	1350 ?	190
Tomonari	友 成	Bizen	1100 ?	270
Tomotada / Asatada	朝 忠	Mimasaku	1184	150
Tomoyasu	友 安	Bizen	1100 ?	170
Tomoyuki	友 行	Yamato	1368	30
Tomoyuki	友 行	Bizen	1661	5
Toshimasa	壽 正	Shinano	1830	5
Toshimune	俊 宗	Bizen	1312	35
Toshinaga	俊 長	Ômi	1360	100
Toshinaga	歳 長	Yamashiro	1661	10
Toshinaga	壽 命	Mino	1661	5
Toshisane	壽 實	Inaba	1818	5
Toshishige	利 重	Iwashiro	1661	5
Toshitsugu	俊 次	Bitchû	1211	115

Name des Schmiedes			Provinz	Jahr	Bewertung
Tsuguhide	次 英		Bitchû	1268	100
Tsuguhira	繼 平		Musashi	1661	10
Tsuguhiro	次 弘		Bitchû	1368	50
Tsuguhiro	繼 廣		Echizen	1661	5
Tsuguie	次 家		Bitchû	1207	150
Tsugunao	次 直	2	Bitchû	1268	100
Tsuguyori	次 依		Bitchû	1298	130
Tsuguyoshi	次 吉	3	Bitchû	1238	140
Tsuguyoshi	次 吉		Echigo	1384	25
Tsunahiro	綱 廣		Sagami	1658	10
Tsunahiro	綱 廣		Sagarni	1818	5
Tsunaie	綱 家		Sagami	1504	15
Tsunamune	綱 宗		Rikuzen	1661	15
Tsunanobu	綱 信		Uzen	1830	5
Tsunatoshi	綱 俊		Uzen	1830	10
Tsunemitsu	常 光		Musashi	1624	10
Tsunetô	經 遠		Bizen	1150 ?	160
Tsunetô	常 遠		Bitchû	1184 ?	130
Tsunetsugu	恒 次	3	Bitchû	1207	170
Tsuyoshi	果		Ugo	Neuzeit	5
Ujifusa	氏 房		Owari	1555	13
Ujifusa	氏 房		Owari	1661	10
Ujinobu	氏 信		Mino	1681	5
Ujishige	氏 重		Satsuma	1661	5
Ujiyoshi	氏 吉		Awa	1379	15
Ujiyoshi	氏 善		Mino	1658	5
Ujiyoshi	氏 吉		Awa	1830	5
Undô	雲 同		Bizen	1334	95
Unji	雲 次	3	Bizen	1317	130
Unjô	雲 生	2	Bizen	1303	130
Unjû	雲 重		Bizen	1357	85
Yasuharu	康 春		Sagami	1521	15

Name des Schmiedes		Provinz	Jahr	Bewertung
Yasuhiro	康 廣	Settsu	1661	10
Yasuhisa	安 久	Satsuma	1368	30
Yasuie	家 家	Bitchû	1312	130
Yasukuni	康 國	Sagami	1504	15
Yasukuni	安 國	Musashi	1711	10
Yasumasa	安 正	Satsuma	1688	5
Yasumitsu	安 光	Bizen	1390	15
Yasumitsu	康 光	Bizen	1394	60
Yasunaga	康 永	Bizen	1394	25
Yasunaga	康 永	Echizen	1673	5
Yasunobu	安 信	Echigo	1324 ?	70
Yasunori	安 則	Yamato	1000 ?	190
Yasunori	安 則	Bizen	1190	160
Yasunori	安 則	Satsuma	1352	55
Yasunori	安 代	Satsuma	1716	35
Yasusada	安 定	Musashi	1661	10
Yasutomo	安 倫	Mutsu	1661	10
Yasutoshi	安 俊	Satsuma	1345	60
Yasutsugu	安 次	Bitchû	1130 ?	160
Yasutsugu	康 次	Bitchû	1200 ?	140
Yasutsugu	安 次	Satsuma	1596	5
Yasutsugu	康 繼	Musashi	1624	15
Yasutsugu	康 繼	Musashi	1661	10
Yasutsuna	安 綱	Hôki	900 ?	270
Yasutsuna	康 綱	Hyûga	1394	10
Yasutsuna	安 綱	Kii	1661	5
Yasutsune	安 恒	Bitchû	1312	50
Yasutsune	安 常	Satsuma	1764	5
Yasuyoshi Sa	安 吉	Chikuzen	1335	150
Yasuyoshi	安 吉	Nagato	1363	115
Yasuyoshi	安 吉	Chikuzen	1624	5

Name des Schmiedes			Provinz	Jahr	Bewertung
Yasuyuki	安 行		Satsuma	1329	70
Yasuyuki	安 行		Satsuma	1661	10
Yasuyuki	安 行		Satsuma	1789	5
Yoritsuna	頼 綱		Iwami	1362	35
Yoriyasu	頼 安		Mutsu	1352	25
Yoshiaki	吉 明		Settsu	1868	5
Yoshifusa	吉 房	3	Bizen	1213	170
Yoshihira	義 平		Yamashiro	1704	30
Yoshihiro	義 弘		Etchû	1334	250
Yoshihiro	義 弘		Yamato	1353	100
Yoshihiro	吉 廣		Sagami	1362	35
Yoshihiro	吉 廣		Hizen	1648	5
Yoshihiro	吉 廣		Hizen	1661	5
Yoshihiro	義 廣		Rikuchû	1789	5
Yoshihiro	義 弘		Musashi	1818	5
Yoshiie	吉 家		Yamashiro	1004 ?	170
Yoshiie	吉 家		Hizen	1624	5
Yoshikado	吉 門		Mino	1624	5
Yoshikage	吉 景		Bizen	1338	25
Yoshikage	義 景		Bizen	1342	105
Yoshikane	義 兼		Bizen	1317	60
Yoshikane	吉 包		Ômi	1362	35
Yoshikane	吉 包		Chikuzen	1661	10
Yoshikuni	義 國		Yamashiro	1624	5
Yoshikuni	義 國		Hizen	1652	5
Yoshikuni	吉 國		Chikuzen	1661	5
Yoshimasa	吉 正		Inaba	1300 ?	140
Yoshimasa	賀 正		Izumi	1362	15
Yoshimasa	吉 政		Chikuzen	1661	5
Yoshimasa	吉 正		Echigo	1716	5
Yoshimichi	吉 道		Yamashiro	1624	10
Yoshimichi	吉 道		Settsu	1658	5

Name des Schmiedes			Provinz	Jahr	Bewertung
Yoshimichi	吉 道		Settsu	1661	10
Yoshimichi II Tamba	吉 道		Settsu	1673	5
Yoshimichi	義 道		Yamashiro	1688	5
Yoshimitsu	吉 光		Yamashiro	1264	205
Yoshimitsu	義 光		Bizen	1321	85
Yoshimitsu	吉 光		Tosa	1338	50
Yoshimitsu	賀 光		Bizen	1394	15
Yoshimochi	吉 用		Bizen	1243	140
Yosliiiiaga	吉 長		Yamashiro	1260	45
Yoshinaga	吉 長		Hizen	1596	10
Yoshinao	能 直		Bungo	1368	15
Yoshinao	吉 直		Buzen	1444	15
Yoshinobu	吉 信		Yamashiro	1624	15
Yoshinobu	吉 信		Yamushiro	1624	5
Yoshinori	吉 則		Bizen	1362	25
Yoshitiori	吉 則	3?	Yamashiro	1396	80
Yoshisada	吉 貞		Chikuzen	1346	100
Yoshisada	能 貞		Chikuzen	1368	25
Yoshisada	能 定		Bungo	1368	25
Yoshisada	吉 貞		Hizcn	1624	5
Yoshisuke	義 助		Suruga	1661	5
Yoshitada	義 忠		Yamato	1698	5
Yoshitake	吉 武		Musashi	1688	10
Yoshitô	慶 任		Yamashiro	1844	5
Yoshitoshi	寶 壽		Uzen	1804	5
Yoshitsugu	吉 次	4?	Bitchû	1249	125
Yoshitsugu	吉 次		Yamashiro	1368	45
Yoshitsuna	吉 綱		Bizen	1362	30
Yoshiyuki	吉 行		Bungo	1661	5
Yoshiyuki	吉 行		Bungo	1661	5
Yukihide	行 秀		Bizen	1184 ?	140

Name des Schmiedes			Provinz	Jahr	Bewertung
Yukihira	行 平		Yamato	1174 ?	190
Yukihira	行 平		Bungo	1200 ?	190
Yukihira	行 平		Bungo	1688	5
Yukihiro	行 廣		Higo	1661	10
Yukihiro	行 廣		Hizen	1661	5
Yukikage	行 景		Inaba	1560	60
Yukikuni	行 國		Bizen	1207	150
Yukimitsu	行 光	2	Sagami	1304	150
Yukimitsu	行 光		Kaga	1345	15
Yukimitsu	幸 光		Bizen	1394	15
Yukimitau	行 光		Kaga	1661	5
Yukinaga	行 長		Bungo	1624	5
Yukinobu	行 信		Yamato	1150 ?	130
Yukitsugu	幸 次		Bitchû	1362	45
Yukiyasu	行 安		Satsuma	1278	170
Yukiyoshi	行 吉		Bingo	1356	45

Quellenangaben

SCHON VOR der Meiji-Restauration gab es in Japan über fünfhundert Bücher, in denen Schwerter, Montierungen und Schmiede behandelt wurden. Einige dieser Werke waren sogar über 600 Jahre alt. Allerdings war keines dieser Werke absolut zuverlässig, da sich auch in noch so sorgfältig betriebene Recherchen immer einige Fehler eingeschlichen hatten. In den letzten Jahrzehnten sind dann viele weitere und teilweise sehr ausführliche Bücher über dieses Sachgebiet entstanden. Leider sind nicht alle diese Bücher in englischer Sprache erhältlich. Auf dem deutschsprachigen Büchermarkt ist das Angebot sogar noch spärlicher. Beim Ordonnanz-Verlag werden allerdings in absehbarer Zeit weitere ausgesuchte Bücher zu diesem Thema erscheinen.
In der nachfolgenden Liste finden Sie überdurchschnittlich gute Literatur über japanische Schwerter (Stand Ende der 50er Jahre, bis heute ist das Angebot natürlich viel größer geworden, Auskunft erhalten Sie in gut sortierten Fachbuchhandlungen):

BÜCHER UND ARTIKEL IN ENGLISCHER SPRACHE

„Das vollständige Handbuch über das Alte Schwert“ (Übersetzung, Autor des urprünglichen Werkes unbekannt), Tokio, 1793. Schwertschmiede und ihr Handwerk; Beschreibung und Klassifizierung der Schwerter.

DOBREE, ALFRED. „Japanese Sword Blades“, (Japanische Schwertklingen) Archäologisches Journal, 1905, Jahrgang 62 (2. Serie, Band 12), Seite 1-18; 218-255.

FURNAS, WENDELL J. „Fortunes in Souvenir Swords;“ Esquire (Nov. 1946), Jahrgang XXVI, Nr. 5, Seite 94.

GILBERTSON, EDWARD. „Japanese Sword Blades“, Transactions and Proceedings of the Japan Society. London 1898. IV, S. 186-214. Mit Illustrationen.

GUNSAULUS, HELEN C. The Japanese Sword and its Decoration. Field Museum of Natural History, Chicago 1924. Heft Nr. 20. 21 Seiten, 4 Abbildungen.

HAWLEY, W. M. Hollywood, Kalifornien, 1945. Heft Nr. 11 der Serie „Oriental Culture Chart Series“. Beschreibt Schwerttypen, Schmiedevorgänge, Pflege, Geschichte, Schmiede usw.

HOMMA, JUNJI. Japanese Swords (aus der Serie „Japanese Art“). Nationalmuseum Tokio, 1948. 72 Seiten, 10 Abbildungen. Beschreibt Schwerttypen, Schmiedevorgänge, Pflege, Geschichte, Schmiede usw.

INAMI, HAKUSUI. Nippon-tô, The Japanese Sword. Cosmo Publishing Co., Tokio 1948. 222 Seiten. Allgemeine Studie über japanische Schwerter.

JOLI, HENRI L., und INADA, HAGITARO. Sword and Samé. Eigenverlag, London 1913. 11 Abbildungen. Enthält Übersetzungen aus anderen japanischen Schwertbüchern.

LYMAN, BENJAMIN SMITH. „Japanese Swords,“ Nachdruck aus dem Jahre 1892 der Veröffentlichung „Proceedings of the Numismatic Antiquarian Society, Philadelphia, 1890-91.“ 38 Seiten, 18 Abbildungen.

----. „Japanese Swords“, Journal of the Franklin Institute, Philadelphia 1895. 141 Seiten, 13 Abbildungen.

----. „Metallurgical and Other Features of Japanese Swords“, Journal of the Franklin Institute, Philadelphia 1896. 14 Seiten, 9 Abbildungen. Aufzeichnung eines Vortrags, der am 8. November 1895 vor dem Franklin-Institut gehalten wurde.

McClatchie, Thomas R. H. „The Sword of Japan: Its History and Traditions". Transactions of the Asiatic Society of Japan (1874-1882). II, 50-56.

Mumford, Ethel Watts. „The Japanese Book of the Ancient Sword". Journal of the American Oriental Society, 1905-1906. Jahrgang 26, Nr. 2, S. 334-410.

Robinson, B. W. „A Primer of Japanese Sword Blades". London, Victoria & Albert Museum, 1956. 94 Seiten. Allgemein gehaltene Beschreibungen von Schwertklingen.

Bücher in japanischer Sprache

Fujishiro, Yoshio. „Nippon Tôko Jiten (Shintô Hen)". Tokio 1939, 402 Seiten. Im Buch sind Abdrücke von Schwertangeln aus der Shintô-Periode abgebildet.

----. Nippon Tôko Jiten (Kotô Hen). Tokio, 1939. 402 Seiten. Enthält Abdrücke von Schwertangeln aus der Kôto-Periode.

----. Tôken Zuroku. Tokio, 1934. 492 Seiten. Enthält Abbildungen von Schwertern und Abdrücke von Schwertangeln.

Homma, Junji. Kotô Shintô. Band VIII der Nippon Rekishi (Japanische Geschichte). Iwanami Publishing Co., Tokio 1934. 36 Seiten. Präzise Studie über Schwerter.

----. Kôtoku no Zôgan-mei Shu-mei nado to Kare no Kanshiki. Tokio, 1955. 20 Seiten. Bericht über den hochbegabten Schwertgutachter Kôtoku (Honnami) aus der Mitte des 16. Jahrhunderts

----. Mei-tô Zufu. Tokio, 1935. Enthält Abbildungen der berühmtesten Schwerter Japans.

----. Kokuhô Tôken Zufu. Tokio, 1936-39. Enthält Abbildungen von 163 berühmten japanischen Klingen, die als Nationalkunstschätze eingestuft sind.

HOMMA, JUNJI; UND SAT KANICHI. Kotetsu Taikan. The Society for the Preservation of the Japanese Sword, Tokio 1955. 89 Seiten, 152 Abbildungen. Studie über Nagasone Kotetsu aus der Shintô-Periode.

----. Kunihiro Taikan. The Society for the Preservation of the Japanese Sword, Tokio 1954- 53 Seiten, 106 Abbildungen. Gründliche Studie über Horikawa Kunihiro, ein Meister der Schmiedekunst aus der frühen Shintô-Periode.

HONNAMI, KÔSON. Nippon-tô. Tokio, 1923. Band 1, 270 Seiten. Band 2, 1.073 Seiten (Überarbeitete Neuausgabe von 1942: Nippon-tô Taikan). Allgemeine Betrachtung und Beschreibung von japanischen Schwertern.

HONNAMI, KÔSON; UND MUROTSU, GEITTARO. Tôkô Sôran. Tokio, 1926. 778 Seiten. Aufstellung von Schmiedenamen.

HONNAMI; HOMMA; IWASAKI; KANZU; OKONOGI; OGURA; TAWARA; UND ANDERE. Nippon-tô Kôza. 25 Bände (DeLuxe-Ausgabe 16 Bände). Yûzankaku Publishing Co., Tokio 1935. Über 5.000 Seiten. Die vollständigste Studie über japanische Schwerter.

INAMURA UND BETCHAKU. Kenwa-roku. Tokio, 1880. Band 1, 331 Seiten; Band 2, 314 Seiten. Allgemeine Studie über japanische Schwerter.

ISHIWATARI, SHINTARÔ. Shin-ô Tôken Zuihitsu. Kamakura, 1956. 124 Seiten. Enthält persönliche Betrachtungen und Erfahrungen im Umgang mit japanischen Schwertern.

KAWAGUCHI, NOBORU. Nippon-tô, Sono Rekishi. Asahi News Company, Tokio 1956. Nr. 34 aus der Asahi-Foto-Serie. 64 Seiten. Geschichte des Schwertes, mit Fotos.

KAWAGUCHI, NOBORU. Shintô Kotô Taikan. Nanjin-sha Publishing Co., Tokio 1932. Band 1, 206 Seiten, 288 Abbildungen. Band 2, 850 Seiten, 320 Abbildungen.

KAWAGUCHI, KOYABU; UND KISHIMOTO. Tôken Mejiten. Nanjin-sha Publishing Co., Tokio 1928. 680 Seiten. Enthält Abdrücke von Schwertangeln.

KOIZUMI, HISAO. Nippon-tô no Kindai Kenkyû. Tokio, 1932. 302 Seiten, 192 Abbildungen. Allgemeine Beschreibung von Schwertern.

Nihon Bijutsu Tôken Hozon Kyôkai. The Society for the Preservation of the Japanese Sword. Oojyaku-sho. Tokio, 1955. Auf 100 Exemplare limitierte Sonderausgabe. Nachdruck eines der ältesten Bücher über das japanische Schwert. Enthält 860 Abdrücke von Schwertangeln.

OMURA, KUNITARÔ. Shumi no Tôken Renma-jutsu. Tokio 1919. 92 Seiten. Enthält Angaben über das Polieren von Schwertern.

SATÔ, KANICHI. Tôken Kantei Techô. The Society for the Preservation of the Japanese Sword, Tokio 1955. 310 Seiten. Enthält Angaben über die Bezeichnung der Schwertteile, den Schmiedevorgang, Schwertpflege, Schmiede, Schulen, Nachkriegsgeschichte usw.

SHIMIZU, FUDOKU. Nippon Tôken Hyôjun Kakaku. Bijutsu Kurabu, 1939. 1.144 Seiten. Aufstellung von Schmiedenamen und Preisübersichten.

SHIMIZU, TAKANORI. Tôken no Shin-kenkyû. Tokio, 1929. 743 Seiten. Allgemeine Studie über japanische Schwerter.

TAKASE, UKÔ. Shoka Hisetsu Kantô Shusei. Tokio, 1918. 443 Seiten. Zusammenstellung alter Bücher aus der Tokugawa-Periode.

----. Tôken Kantei Bikô. Tokio, 1918. 250 Seiten. Allgemeine Studie über japanische Schwerter.

UCHIDA, SÔTEN. Dai Nippon Tôken Shinkô. Osaka, 1933. 1.000 Seiten. Allgemeine Studie über japanische Schwerter.

UCHIDA, SÔTEN; UND KASHIMA, ISAO. Shintô Meisaku-shû. Osaka, 1930. 209 Seiten, 192 Abbildungen. Allgemeine Studie über Schwerter aus der Shintô-Periode.

----. Kotô Meisaku-shû. Osaka, 1930. Allgemeine Studie über Schwerter aus der Kotô-Periode, mit Abbildungen.

Japanische Zeitschriften

Kotô Shinto Kakaku-hyô. Jährlich erscheinende Schwertpreisliste. Herausgegeben von : Hattori, Eiichi. 1, 8, Kyôbashi, Chûô-ku, Tokio.

Tôken Bijutsu (Schwerter-Journal). Zweimonatlich erscheinende Zeitschrift der Gesellchaft zur Erhaltung des japanischen Schwertes (Nihon Bijutsu Tôken Hozon Ky1ôkai, Nationalmuseum, Ueno, Tokio. Durchschnittsumfang 88 Seiten. Jahrgang Nr. 49 im Januar 1958 erschienen.

Tôken to Rekishi (Schwert und Geschichte).
Zweimonatlich erscheinende Zeitschrift der Tôken Hozon Kai (1, 383 Daita, Setagaya-ku, Tokio) Durchschnittsumfang ca. 50 Seiten. Eine der ältesten Fachzeitschriften auf diesem Gebiet.

Fachwortverzeichnis

ASHI – „Füßchen", Reihe von Einschnitten in der Härtelinie
AYASUGI-HADA – besondere geschwungene Form der kristallinen Oberflächenstruktur des Klingenmetalls

BIZEN-ZORI – siehe koshi-zori
BONJI – Sanskrit-Schriftzeichen, die sich manchmal auf Schwertklingen finden.
BÔSHI – Härtelinien an der Klingenspitze. Sie kommen in vielen verschiedenen Ausführungen vor.
BUKE – Angehörige der Samurai-Klasse
BUKE-ZUKURI – Schwertmontierung aus der neuen Schwertperiode. Die Schwerter wurden in einem Stoffgürtel an der linken Körperseite mit der Schneide nach oben getragen.

CHÔJI – „Gewürznelkenblüte". Variante der Härtelinie mit pilzartigem Muster
CHOKUTÔ – Schwert mit gerader Klinge
CHÛ-KISSAKI – Klingenspitze mittlerer Größe
CHÛ-SUGUHA – mittelbreite, gerade Härtelinie
DAI-SHO – Schwertpaar. Ein langes und ein kurzes Schwert. Standardausrüstung der Samurai in der neuen Schwertperiode.
DAITÔ – Langschwert. Die Schneide der Waffe ist mehr als zwei shaku lang.
DÔRAN – Variante der Härtelinie mit wellenartigem Muster

EBI-SAYA – „Hummerschwanz". Scheidentyp mit schuppenartigen Segmenten und einer Verbreiterung am Scheidenort, so daß die Scheide einem Hummerschwanz ähnelt.

FUCHI – Griffzwinge. Fuchi und kashira wurden üblicherweise in gleicher Ausführung vom selben Handwerker gefertigt.
FUKA-KURI-JIRI – siehe taka-yamagata
FUKURA – Biegung der Schneide an der Schwertspitze
FUKURA-KARERU – Spitze mit gerader Schneide
FUKURA-TSUKU – Schwertspitze mit gebogener Schneide
FUKURIN – SIEHE KIN-FUKURIN
FUNA-GATA – schiffsbodenförmige Angel
FURI-SODE – Schwertangel in Form eines Kimonoärmels

GIN - Silber

GIN-GISE - mit Silber ausgelegt oder unterlegt. Diese Technik findet sich häufig an habaki und seppa.

GIN-SUJI - siehe kin-suji

GOMABASHI - zwei parallele Hohlkehlen auf der Klingenoberfläche. Bashi heißt Eßstäbchen.

GUNOME - Variante der Härtelinie im Zickzack-Muster

GUNTO - moderne Militärschwerter

GYAKU-TAKA-NO-HA - Muster der Feilstriche auf der Angel in umgekehrter V-Form

GYOBUTSU - die Schätze des kaiserlichen Haushaltes. In früheren Zeiten wurden auch die Familienschätze der Ashikaga, Toyotomi und Tokugawa als gyobutsu bezeichnet.

GYO-NO-MUNE - siehe Ihori-mune.

HA-AGARI KURI-JIRI - ungleichmäßig geformte Angelspitze in U-Form

HABAKI - Klingenzwinge an der Klinge unterhalb des Stichblattes. Diese Metallmanschette sorgt für festen Sitz der Klinge in der Scheide.

HADA- - „Haut“, die Struktur der Klingenoberfläche

HA-GANE - Klingenstahl

HAKO-MIDARE - Variante der Härtelinie mit kastenförmigem Muster

HA-MACHI - siehe machi

HARA-KIRI - Selbstmord durch Bauchaufschneiden (Vulgärsprache, unüblich)

HARI-MENUKI - Satz Griffzierrate, die ohne die Hilfe von Seidenband oder Faden befestigt sind. Diese Art des Zierrates findet sich oft an alten jin-dachi für zeremonielle Zwecke und an Kurzschwertern aus allen
Epochen. Wird auch uki-menuki genannt.

HI - Rillen auf der Klingenoberfläche

HIGAKI-YASURI - karoförmiges Feilmuster

HIRA-MUNE - flacher Klingenrücken

HIRA-YAMAGATE - beidseitig abgeschrägte Angelspitze. Ist auch als kurijiri bekannt.

HIRA-ZUKURI - flache Klingenform, die häufigste Klingenausführung

Hiro-Suguha - breite, gerade Härtelinie

Hitatsura - unregelmäßig verlaufende Härtelinie, wurde von vielen Schmieden in Sôshû angebracht.

Hitsu - Öffnung in der Tsuba für Beimesser

Ho - Klinge des Beimessers

Hon-Sanmai-Awase-Gitae - Klingenaufbau, diese Klinge hat einen weichen Kern, einen harten Schneidebereich und eine äußere Klingenhülle.

Hoso-Suguha - siehe Ito-suguha

Ichi-Mai-Bôshi - der Teil der Klingenspitze, der völlig durchgehärtet ist

Ihori-Mune - Klingenrückenform (umgekehrtes V), wird auch gyo-nomune genannt

Ikari-Ô-Kissaki - große geschwungene Schwertspitze

Ikubi-Kissaki - kräftig dimensionierte Schwertspitze mit gerader Schneide. Findet sich häufig an Schwertern aus der mittleren Kamakura-Periode

Inazume - siehe kin-suji

Itame-Hada - Holzmaserung

Ito-Suguha - schmale, gerade Härtelinie. Ist auch als hoso-suguha bekannt

Ji - Klingenoberfläche

Jindachi - Klinge in der Montierung jindachi-zukuri. Wird oft auch einfach tachi genannt.

Jindachi-Zukuri - altertümliche Schwertmontierung, bei der die Scheide mit zwei Bändern an der Hüfte getragen wurde. Die Klingenlänge betrug oft mehr als drei shaku. Von diesem Typ wurden für zeremonielle oder dekorative Zwecke viele Nachbauten gefertigt, nachdem das jindachi im frühen 16. Jahrhundert als veraltet galt.

Jizô-Bôshi - kopfförmige Härtelinie an der Klingenspitze.

Kaen - flammenförmige Härtelinie auf der Spitze.

Kaeri - „Zurückwenden“, Punkt, an dem die Härtelinien zurücklaufen.

Kaeri-Asashi - „Kurze Wende“, Verlauf der Härtelinien im Spitzenbereich

Kaeri-Fukashi - „Lange Wende“, Verlauf der Härtelinien im Spitzenbereich

Kaiguntô - moderne Marineschwerter

KAJI – der Schwertschmied. Ist auch als katana-kaji bekannt.

KAKU-ICHI-MONJI – siehe kiri.

KAKU-MUNE – flacher Klingenrücken. Wird auch hira-mune genannt.

KANMURI-OTOSHI-ZUKURI – Variante der Klingenform

KANTEI – die Begutachtung des Schwertes

KANTEI-KA – Schwertbegutachter

KASHIRA – Knauf am oberen Ende des Schwertgriffes. Siehe auch fuchi.

KATA-KIRI-BA-ZUKURI – Variante der Klingenform

KATANA – Langschwert in der Montierung buke-zukuri. Dieser Begriff wird auch oft dazu verwendet, um das lange vom kurzen Schwert zu unterscheiden.

KATANA-MEI – die Signatur des Klingenschmiedes auf der Angel. Außer den Schmieden der Tadayoshi-Schule in der Provinz Hizen haben fast alle Schmiede der neuen Schwertperiode ihre Schwerter auf diese Weise gekennzeichnet.

KATA-SHINOGI-ZUKURI – Variante der Klingenform

KATTE-SAGARI – leichte angeschrägte Feilspuren

KAWA-GANE – Stahlmantel für die Klingenaußenseite

KEN – gerades, zweischneidiges Schwert mit zentral verlaufendem Klingengrat. In der neuen Schwertperiode hergestellte ken hatten eine deutlich abgesetzte Klingenspitze. Manchmal wurden lange Klingen vom Typ yari gekürzt und als ken montiert.

KENGYÔ – V-förmige Klingenspitze

KESHÔ-YASURI – besonders dekorative Verzierung der Klingenangel mit Feilspuren. In der neuen Schwertperiode angewendet.

KE-SAYA – altertümliche Scheidenausführung. Das untere Ende der Scheide war mit Fell umwickelt, meistens Bären- oder Tigerfell. (Anmerkung des Übersetzers: Es handelte sich um einen Schutzüberzug für die Scheide des zur Rüstung getragenen tachi; die Art des Felles zeigte auch den Rang des Trägers an).

KIJI-MOMO NAKAGO – Variante der Angelform, die an einen Fasanenschwanz erinnert. Findet sich nur an Schwertern, die vor der Kamakura-Periode entstanden sind.

KIKU-ICHI-MONJI – häufig zu findende Markierung auf Schwertangeln, besteht aus einer Chrysantheme und dem chinesischen Schriftzeichen für die Zahl „1“. Der Überlieferung nach erhielten einige alte Schmiedemeister aus der Provinz Bizen vom Kaiser Gotoba die Genehmigung, die kaiserliche Chrysantheme auf ihren Schwertern anbringen zu dürfen. Auch in der neuen Schwertperiode verwendeten viele Schmiede dieses Zeichen.

KIKU-SUI – „Chrysantheme und Wasser“, Form einer Härteline an Schwertern aus der neuen Schwertperiode.

KIKU-NO-GYOSAKU – Schwerter, die vermutlich vom Kaiser Gotoba geschmiedet worden sind. Statt seines Namens hat er als Signatur eine Chrysantheme in die Angel eingeschlagen. Diese Blüten kommen mit 16, 18 oder 24 Blütenblättern vor.

KIN - Gold

KIN-FUKURIN – Goldränder an Stichblättern und Goldbänder an Scheiden von Schwertern in tachi-Montierung

KIN-GISE – mit Blattgold belegt oder mit Goldeinlagen. Viele Schwertzierrate und Teile der Montierung waren auf diese Weise vergoldet.

KIN-MEI – wie kinpun-mei

KINPUN-MEI – „Goldstaub-Name“. Vom Schwertgutachter auf der Angel angebrachte Inschrift in Gold mit dem Namen des mutmaßlichen Klingenschmiedes

KIN-SUJI – dünne Linie von dunklen Punkten im Bereich der Härtelinie an der Klinge. Sie entspricht der suna-gashi, ist aber farblich ausgeprägter. Gin-suji ist ähnlich, aber farblich nicht so kräftig. Kin-suji in Zickzackform wird als inazuma bezeichnet.

KIN-ZOGAN-MEI – Vom Schwertgutachter auf der Angel angebrachte Inschrift in Gold mit dem Namen des mutmaßlichen Klingenschmiedes

KIRI – horizontale Feilstriche auf der Angel. Sind auch als yoko oder ichimon-ji bekannt.

KIRI-HA-ZUKURI – eine Klinge, die in ihrer Ausführung shinogi-zukuri entspricht, bei der aber das Klingenoberteil sehr breit ist.

KIRI-SUJI-CHIGAI – Kombination von geraden und angeschrägten Feilstrichen an der Angel

KISSAKI – Bereich der Klingenspitze

KITAE – Methode zum Zusammenschmieden von verschiedenen Stahlsorten für die Klinge.

KIZU – Klingendefekt, der entweder durch einen Fehler beim Schmieden oder durch mangelhafte Klingenpflege entstanden ist.

KO – Vorsilbe, die „klein“ oder „alt“ bedeuten kann.

KO-FUDA – siehe sage-fuda

KO-DACHI – „kleines tachi“. Vorläufer des wakizashi. Diese Bezeichnung bezieht sich auf die Montierungen der kleinen tachi, die in der frühen und mittleren Kamakura-Periode verwendet wurden.

KO-DÔGU – Schwertbeschläge, dazu gehören kuzuka, kôgai, tsuba, fuchi und kashira.

KÔGAI – Schwertnadel

KOI-GUCHI – Scheidenmund

KOJIRI – Scheidenende bzw. Scheidenort

KO-KISSAKI – kleine Schwertspitze

KO-MARU-BÔSHI – Härtelinie im Bereich der Spitze, die Linie ist dünn und hat eine runde Form.

KONUKA-HADA – extrem feine Metallstruktur der Klingenoberfläche. Diese Eigenheit findet sich oft an Schwertern, die von den Schmieden der Tadayoshi-Schule in der Provinz Hizen gefertigt worden sind. Wird auch Hizen-hada genannt.

KOSHI-BA – der Bereich der Klinge einige Zentimeter oberhalb der hamachi, hier ist die Härtelinie breiter und gewellter als an der übrigen Klinge. Dieses Merkmal findet sich fast ausschließlich an Schwertern aus der alten Schwertperiode.

KO-SHINOGI – Abschnitt der shinogi oberhalb der yokote

KOSHIRAE – Schwertmontierung aus alter Zeit. Eine shira-saya gehört schon nicht mehr zu den koshirae.

KOSHI-ZORI – Art der Klingenkrümmung. Der Mittelpunkt der Krümmung befindet sich näher an der Angel als an der Klingenmitte. Diese Eigenheit findet sich oft an Schwertern, die von den alten Schmieden in Bizen gefertigt worden sind. Heißt auch Bizen-zori.

KOSUJI-CHIGAI – bedeutet dasselbe wie Katte-sagari

KOZUKA – Beimesser, steckt üblicherweise in einer Beischeide neben der eigentlichen Scheide. Es besteht aus dem Griff (hitsu) und der Klinge (ho).

KUI-CHIGAI – „kreuz und quer". Ein von geraden Härtelinien oder von Rillen gebildetes Muster mit gekreuzten Linien.

KURI-GATA – Bänderknoten an der Scheide

KURI-JITI – siehe hira-yamagata

KURIKARA – Sanskrit: „Schwarzer Drachen". Diese Eingravierung findet sich recht häufig auf Schwertklingen.

KUWA-GATA – U-förmiger Metallbeschlag am Scheidenort

KYÛ-GUNTÔ – modernes Militärschwert

MACHI – kleine Nut am Übergang von der Angel zur Klinge. An der Schneidenseite heißt diese Nut ha-machi, an der Rückenseite mune-machi

MAKURI-GITAE – Art des Klingenaufbaus

MARU-GITAE – Art des Klingenaufbaus

MARU-MUNE – abgerundeter Schwertklingenrücken. Heißt auch sô-no-mune

MASAME-HADA – geradlinig verlaufendes Maserungsmuster

MEI – Signatur des Herstellers auf dem Schwert

MEKUGI – üblicherweise aus Bambus bestehender Stift, mit dem der Schwertgriff an der Angel befestigt wird

MEKUGI-ANA – Dübelloch in der Angel (die oftmals in der Literatur auftauchende Bezeichnung „Nietloch" wurde absichtlich vermieden, da durch diese Bohrung keine Niete, sondern grundsätzlich ein Dübel aus Bambusholz zur Befestigung des Griffes geführt wird).

MENUKI – Zierrate am Schwertgriff

MIDARE-KOMI-BÔSHI – wellig verlaufendes Härtemuster an der Klingenspitze

MIDARE-YAKI-BA – wellig verlaufende Härtelinie an der Klinge

MIMI-GATA – Abart der Form der Härtelinie mit ohrförmigem Muster

MITOKORO-MONO – Satz kozuka, kôgai und menuki vom gleichen Hersteller

MITSU-MUNE – Schwertrücken mit zwei Graten. Findet sich gelegentlich an Schwertern von Schmieden aus Sôshû. Auch als shin-no-mune bekannt.

MOKUME-HADA – holzmaserartige Musterung im ungehärteten Klingenbereich

MONO-UCHI – Schlagbereich der Klinge, vorderes Klingenviertel.

MORO-HA-ZUKURI – an Kurzschwertern vorkommende Klingenform

MUJI – Art des Klingenaufbaus. Auch als muji tetsu bekannt

MUNE – Rücken der Klinge

MUNE-GANE – für den Klingenrücken verwendete Stahlsorte

MUNE-MACHI – siehe machi

MUNE-YAKI – Härtelinie auf dem Klingenrücken

NAGAMAKI – lange, kräftige Naginata mit kurzem Schaft

NAGINATA – Stangenwaffe, sogenannte Schwertlanze. Die Klinge ist üblicherweise vom Typ unokubi-zukuri. Die Gesamtlänge der Waffe inklusive Klinge beträgt über 180 cm.

NAKAGO – die Angel. Der Teil des Schwertes, der vom Griff verdeckt ist.

NANBAN-TETSU – importierter Stahl

NIE – siehe nioi

NIOI – feine Struktur von milchigweißer Farbe im gehärteten Bereich einer Klinge. Wenn das gleiche Muster von etwas gröberer Struktur ist, wird es „nie“ genannt.

NISE – Teil- oder Totalfälschung

NISE-MEI – gefälschte Signierung des Schwertschmiedes

NOKOGIRI-BA – Härtelinie im Sägezahnmuster

NOTARE – Härtelinie mit sanftem Wellenlinienmuster

Ô – Vorsilbe mit der Bedeutung „groß“

O-KISSAKI – große Schwertspitze

Ô-MARU-BÔSHI – große, runde Härtelinie an der Spitze

OMOTE – die dem Schwertträger zugewandte Klingenseite, wenn das Schwert mit der Schneide nach links hochgehalten wird. Die gegenüberliegende Klingenseite heißt ura.

ORIGAMI – schriftliches Wertgutachten

OSHIGATA – durch Abpausen gewonnener Abruck einer Angel oder einer Klinge

Ô-SURIAGE – siehe suriage

SAGE-FUDA – kleines schriftliches Schwertgutachten in dreieckiger Form. Wurde während der Edo-Periode von der Familie Honnami für Schwerter von geringerem Wert ausgestellt. Ist auch als ko-fuda bekannt.

SAGEO – das durch das kuri-gata geführte Band. Es besteht normalerweise aus Seide, seine Farbe entspricht fast immer dem Seidenband am Griff.

SAIDAN-MEI – Beschriftung der Angel, die auf einen bestandenen Schneidetest hinweist

SAI-HA – Wiederholung des Härtevorgangs, nachdem die Klinge ihre ursprüngliche Härtelinie verloren hatte. Auch als sai-jin bekannt.

SAI-JIN – siehe sai-ha

SAKA-ASHI – angeschrägte, unregelmäßig gezackte Härtelinie

SAKI-ZORI – Klingenkrümmung mit der stärksten Biegung am mono-uchi

SAME-GAWA – Haut des Riesenrochens. Wurde zum Umwickeln des Schwertgriffes und zur Verzierung von Scheiden verwendet.

SAME-SAYA – mit Rochenhaut verzierte oder bezogene Scheide

SAMURAI – Krieger oder Ritter der Feudalzeit

SANBON-SUGI - drei scharf abgegrenzte nebeneinander laufende Härtelinien, die im regelmäßigen Zickzackmuster verlaufen. Diese Eigenheit befindet sich fast ausschließlich an Schwertern aus der Kanemoto- oder Magoroku-Schule aus der Provinz Seki.

SASHI-OMOTE - wie omote

SAYA - Scheide

SAYA-GAKI - auf die Scheide geschriebene Angaben über den Hersteller der Klinge. Findet sich meist auf shira-saya.

SAYA-SHI - Scheidenmacher

SENSUKI - Schleifspuren auf der Angel

SEPPA - Unterlegscheibe zwischen Schwertzwinge und Stichblatt. Bei Schwertern in buke-zukuri-Montierung findet sich meist eine weitere solche Scheibe zwischen Stichblatt und Griff.

SEPPUKU - ritueller Selbstmord durch Bauchaufschlitzen mit wakizashi oder tanto, wobei dem Ausführenden schließlich von einem kaishaku (Sekundant; eigentlich: Kopf ab) genannten Vollzugsgehilfen der Kopf abgeschlagen wurde. Diese Art des Selbstmordes, auch unter dem Vulgärnamen harakiri (andere Lesart der Schriftzeichen für seppuku) bekannt, war den Angehörigen der Samuraikaste vorbehalten. Verwendet wurden dafür wakizashi oder tantô.

SHIHO-ZUME-GITAE - Art des Klingenaufbaus

SHIMARU - siehe urumu

SHIN-GANE - Stahl für den Klingenkern

SHIN-GUNTÔ - Militärschwert der Neuzeit

SHIN-NO-MUNE - siehe mitsu-mune

SHINOGI - Grat

SHINOGI-HIKUSHU - abgeflachter Grat

SHINOGI-JI - Oberteil der Klinge, und zwar der Bereich zwischen Grat und Klingenrücken

SHINOGI-JI-SUJI-CHIGAI - siehe kiri-suji-chigai

SHINOGI-KIRI-SUJI-CHIGAI - Kombination von horizontalen und nach links aufwärts geführten Feilstrichen auf der Angel

SHINOGI-TAKASHI - erhaben ausgeführte Linie auf dem Klingenrücken

SHINOGI-ZUKURI - Klinge mit Grat

SHIN-SHINTÔ – Sammelname für zwischen 1772 und 1925 hergestellte Schwerter

SHINTÔ – in der neuen Schwertperiode gefertigte Schwerter (1596 - 1771)

SHIRA-SAYA - schlichte Holzscheide

SHIRI - Angelspitze

SHÔBU-ZUKURI - Art des Klingenaufbaus

SHÔWA-TÔ - in der Shôwa-Periode (seit 1926) gefertigte Schwerter

SO-NO-MUNE - siehe maru-mune

SORI - Klingenkrümmung

SORI-ASASHI - geringe Klingenkrümmung

SORI-FUKASHI - starke Klingenkrümmung

SUDARE-BA - Variante der Härtelinie mit einem Muster, das einem Bambusvorhang (sudare) ähnelt

SUGUHA - gerade Härtelinie

SUNA-GASHI - grobe Metallstruktur, die durch den Härteprozeß entstanden ist und die manchmal neben der Härtelinie zu finden ist. Das Muster ähnelt verstreutem Sand.

SURI-AGE - Schwert mit gekürzter Angel. Ein Schwert, das soweit verkürzt wurde, daß die ursprüngliche Angel völlig weggefallen ist, heißt ô-suriage

TACHI - alter Schwerttyp in jindachi-Montierung, der mit der Schneide nach unten am Gürtel hängend getragen wurde.

TACHI-MEI - Signatur des Schwertschmiedes auf der ura der Angel. In der Shinto-Periode wurde dieses Verfahren kaum angewandt, eine Ausnahme bildeten die Schmiede der Tadayoshi-Schule in der Provinz Hizen.

TAKA-NO-HA - Muster von Feilstrichen mit umgekehrter V-Form

TAKA-YAMAGATA - ANGELENDE MIT AUSGEPRÄGTER U-FORM

TANAGO-BARA - spezielle Form der Schwertangel, die in diesem Fall wie ein Fischbauch ausgebildet ist

TANTÔ - Dolch mit einer Länge von weniger als einem shaku (weniger als 30 cm). (Anmerkung des Übersetzers: J.M. Yumoto bezeichnet den tantô in seinem Buch durchweg als Kurzschwert. Es gibt zwar viele tantô in Schwertmontierung, aber aufgrund seiner Länge und des Verwendungszwecks ist der tantô einwandfrei ein Dolch).

TOBI-YAKI – isoliert auftretende Härteflecken oder –inseln auf der Klinge. Kommt häufig an hitatsura-Klingen vor.

TOGI – Technik des Schwertpolierens

TORII-ZORI – Art der Klingenkrümmung. Der Krümmungsmittelpunkt liegt ungefähr in der Klingenmitte.

TSUBA – Stichblatt des Schwertes

TSUKA – Knauf oder Griff

TSUKA-ITO – Wickelband am Griff

TSUKURI – alte Form der Montierung an Schwertern (außer shira-saya)

TSUNAGI – Klingenattrappe aus Bambus oder Holz. Wird benutzt, um die Teile der Montierung zusammenzuhalten, wenn die eigentliche Klinge fehlt

UBU-NAKAGO – ungekürzte Angel in ihrer Originalform

UCHI-GATANA – Schwert in der Montierung buke-zukuri. Es war das längere der beiden Schwerter, die ein Samurai während der Edo-Periode führte, aber kürzer als die alten tachi

UCHI-KO – feingemahlener Polierstein, der zur Entfernung von altem Öl von der Schwertklinge verwendet wird.

UDE-NUKI – am Griff oder an Öffnungen der tsuba eines tachi angebrachte Schlaufe, mit der verhindert wurde, daß das Schwert aus der Hand des Kämpfers fallen konnte.

UKI-MENUKI – siehe hari-menuki

URA – siehe omote

URA-MEI – Beschriftung auf der ura der Angel. Wird meist als Beschriftung mit dem Herstellungsdatum bezeichnet. Die meisten Schwertschmiede brachten ihr Namenszeichen auf der omote und das Datum auf der ura an. Obwohl das tachi-mei auf der ura steht, wird es nicht der ura-mei zugerechnet.

UNOKUBI-ZUKURI – Klingentyp

URUMU – Zustand des Schwertes, bei dem die Schneide stumpf oder die Klinge verunreinigt ist. Der gegenteilige Zustand heißt shimaru.

WAKIZASHI – Kurzschwert, das länger als ein shaku, aber kürzer als zwei shaku ist

WARIBA-GITAE – Art des Klingenaufbaus

WARI-BASHI – Paar Eßstäbchen, das analog zum Beimesser an der Schwertscheide getragen wurde

YAHAZU – schwalbenschwanzförmige Härtelinie

YAKI-BA – Härtelinie

YAKI-DASHI – der Bereich wenige Zentimeter über der ha-machi, in dem die Härtelinie gerade oder weniger gewellt als im übrigen Klingenbereich ist. Findet sich nur an Schwertern aus der Neuen Schwertperiode.

YAKI-OTOSHI – besonderes Verfahren zur Anbringung der Härtelinie, bei dem ca. 3 cm am Klingenoberteil ohne Härtelinie blieben. Wurde nur von sehr wenigen Schmieden in der alten Schwertperiode angewendet.

YAKI-ZUME – Härtelinie ohne Umkehr an der Klingenspitze

YOKOTE – die Spitze absetzender Grat

Alte Provinzen und die entsprechenden heutigen Präfekturen

Die angegebenen Nummern stammen von der Karte auf Seite

Aki (56), Hiroshima
Awa (16), Chiba
Awa (60), Tokushima
Awaji (47), Hyôgo
Bingo (54), Hiroshima
Bitchû (52), Okayama
Bizen (51), Okayama
Bungo (67), Ôita
Buzen (63), Fukuoka-Ôita
Chikugo (66), Fukuoka
Echigo (17), Niigata
Echizen (31), Fukui
Etchû (28), Toyama
Ezo (1), Hokkaidô
Harima (46), Hyôgo
Hida (27), Gifu
Higo (68), Kumamoto
Hitachi (10), Ibaraki
Hizen (65), Saga-Nagasaki
Hôki (49), Tottori
Hyûga (69), Miyazaki
Iga (34), Mie
Inaba (48), Tottori
Ise (35), Mie
Iwaki (8), Fukushima-Miyagi
Iwami (55), Shimane
Iwashiro (7), Fukushima
Iyo (61), Ehime
Izu (22), Shizuoka
Izumi (39), Osaka
Izumo (53), Shimane
Kaga (30), Ishikawa
Kai (20), Yamanashi
Kawachi (40), Osaka
Kazusa (15), Chiba
Kii (38), Wakayama-Mie
Kôzuke (11), Gumma
Mikawa (24), Aichi
Mimasaka (50), Okayama
Mino (26), Gifu
Musashi (12), Saitama-Tokyo-Kanagawa
Mutsu (2), Aomori-Iwate-Akita
Nagato (58), Yamaguchi
Noto (29), Ishikawa
Ômi (33), Shiga
Ôsumi (71), Kagoshima
Owari (25), Aichi
Rikuchû (4), Iwate
Rikuzen (6), Miyagi
Sado (18), Niigata
Sagami (14), Kanagawa
Sanuki (59), Kagawa
Satsuma (70), Kagoshima
Settsu (45), Hyôgo
Shima (36), Mie
Shimofusa (13), Chiba-Ibaraki
Shimozuke (9), Tochigi
Shinano (19), Nagano
Suô (57), Yamaguchi
Suruga (21), Shizuoka
Tajima (44), Hyôgo
Tanba (42), Kyoto
Tango (43), Kyoto
Tosa (62), Kôchi
Tôtômi (23), Shizuoka
Ugo (3), Akita-Yamagata
Uzen (5), Yamagata
Wakasa (32), Fukui
Yamashiro (41), Kyoto
Yamato (37), Nara

Alphabetische Liste der modernen Präfekturen mit den entsprechenden alten Provinzen.

Aichi: Mikawa-Owari
Akita: Ugo-Mutsu
Aomori: Mutsu
Chiba: Shimofusa-Kazusa-Awa
Ehime: Iyo
Fukui: Echizen-Wakasa
Fukuoka: Buzen-Chikuzen-Chikugo
Fukushima: Iwashiro-Iwaki
Gifu: Mino-Hida
Gumma: Kôzuke
Hiroshima: Aki-Bingo
Hokkaidô: Ezo
Hyôgo: Tajima-Harima-Awaji-Settsu
Ibaraki: Hitachi-Shimofusa
Ishikawa: Noto-Kaga
Iwate: Mutsu-Rikuchû
Kagawa: Sanuki
Kagoshima: Satsuma-Ôsumi
Kanagawa: Musashi-Sagami
Kôchi: Tosa
Kunamoto: Higo
Kyoto: Yamashiro-Tanba-Tango
Mie: Iga-Ise-Shima-Yamato-Kii
Miyagi: Rikuzen-Iwaki
Miyazaki: Hyûga
Nagano: Shinano
Nagasaki: Hizen
Nara: Yamato
Niigata: Echigo-Sado
Ôita: Buzen-Bungo
Okayama: Mimasaka-Bizen-Bitchû
Osaka: Izumi-Kawachi
Saga: Hizen
Saitama: Musashi
Shiga: Ômi
Shimane: Izumo-Iwami
Shizuoka: Suruga-Izu-Tôtômi
Tochigi: Shimozuke
Tokushima: Awa
Tokyo: Musashi
Tottori: Inaba-Hôki
Toyama: Etchû
Wakayama: Kii
Yamagata: Ugo-Uzen
Yamaguchi: Suô-Nagato
Yamanashi: Kai

Index

STREBEL

Ständige Ausstellung antiker japanischer Schwerter und Ihrer Zierate, Schwertzubehör, japanische Übungsschwerter.

65183 WIESBADEN · WILHELMSTR. 58 · TEL. 0611/30 40 21 · FAX 0611/37 36 76

www.samurai-art.de · E-mail: david@samurai-art.de